茶道

养生的

是非

CHADAOYANGSHENGDESHIYUFEI

林治/著

世界图书出版公司

西安 北京 上海 广州

图书在版编目（CIP）数据

茶道养生的是与非 / 林治著 . — 西安：世界图书
出版西安有限公司，2020.12
　ISBN 978-7-5192-7796-3

　Ⅰ.①茶… Ⅱ.①林… Ⅲ.①茶道－养生（中医）
Ⅳ.① TS971.21

中国版本图书馆 CIP 数据核字 (2020) 第 244010 号

茶道养生的是与非
CHADAO YANGSHENG DE SHI YU FEI

著　　者	林　治
责任编辑	李江彬
出版发行	世界图书出版西安有限公司
地　　址	西安市锦业路都市之门 C 座
邮　　编	710065
电　　话	029-87233647（市场部）　029-87234767（总编室）
网　　址	http://www.wpcxa.com
邮　　箱	xast@wpcxa.com
经　　销	新华书店
印　　刷	陕西龙山海天艺术印务有限公司
开　　本	787mm×1092mm　1/16
印　　张	20
字　　数	350 千字
版　　次	2020 年 12 月第 1 版
印　　次	2020 年 12 月第 1 次印刷
国际书号	ISBN 978-7-5192-7796-3
定　　价	88.00 元

序

创新的追求与科学的思考

◎ 余 悦

茶与健康，是茶文化的"元问题"。被誉为"茶圣"的唐代陆羽，写作《茶经》时谈到茶史，开篇即是："起于神农氏，闻于鲁周公。"神农氏之事，则是"日遇七十二毒，得茶而解之。"《茶经》作为中国乃至世界的第一本茶书，具有无可替代的崇高地位，其论影响所及，奠定了"茶与健康"这一"元问题"的牢固基石。并且，茶叶的发现与利用，经历过药用、食用、饮用三个阶段，亦是来源于此。

以"神农时代"为起点，茶叶的发现与利用，在中国已有四五千年的历史。而据"药食同源"之说，有文字记载将茶叶用于人类健康则历经两千多年。

自汉代以来，很多历史典籍和古代医书都有对茶叶药用价值和健身功效的论述。我国最早的一部百科辞典《广雅》称："荆巴间采茶作饼，叶老者饼成以米膏出之，欲煮茗饮，先炙令赤色，捣末置瓷器中，以汤浇覆之，用葱姜芼之，其饮醒酒，令人不眠。"东汉时期，我国最早的医学专著《神农本草经》中也有："茶味苦，饮之使人益思、少卧、轻身、明目。"

唐代本草类书籍中，由苏敬等人编著的《新修本草》、陈藏器所撰写的《本草拾遗》等记载了茶叶的疗效，说明茶疗的理论与实践在此时期已逐渐成形。唐代的其他医药著作，如名医孙思邈的《千金方》、孟诜所著的《食疗本草》，郭稽中的《妇人方》，李绛的《兵部手集方》等，多有茶疗资料。此外，唐代医家王焘等编著的《外台秘要》第三十一卷中专门收载有"代茶新饮方"，较为详细地记载了茶疗方剂的制作和服用方法。

茶疗在宋代十分盛行，特别值得提出的是，由宋代朝廷组织医学名家编著的《太平圣惠方》《和剂局方》《圣济总录》和《普济方》等医学巨著中，都有关于"药茶"的条目或相关的专篇介绍。如宋徽宗赵佶召集海内名医所编的《圣济总录》中记载，用茶末煎汤服，可治霍乱烦渴；王怀隐等编的《太平圣惠方》第九十七卷中，有"药茶诸方"一节，其中所列茶疗方八条，有茶、无茶各四条。

唐宋时期的茶疗，与汉魏六朝时期相比，有两个显著的特点：一是采用的方剂不同，汉魏六朝时期，茶疗仅为单方应用，而至唐、宋已发展为单方、复方并用，且复方之用多于单方。如《太平圣惠方》"药茶诸方"中记载，治伤寒、壮热用"葱豉茶"，治疗鼻塞、头痛、烦躁用"薄荷茶"，等等。二是使用的方法不同，唐宋时期茶疗的使用方法，由单一的煮饮法发展为多种形式。如孙思邈《摄养枕中方》所载的治疗"积年瘘"（即现代医学中的骨关节结核病、慢性化脓性骨髓炎等）有研末外敷之法，还有《兵部手集方》所载的茶和醋调服、《妇人方》所载的茶丸剂、《普济方》所载的茶散剂等。

元明清时期茶疗的内容、应用范围、制作方法等，又有了新的发展。这一时期，记载茶疗较多且较为详细的医籍颇多，如元代忽思慧的《饮膳正要》、孙允贤的《医方大成》、沙图穆苏的《瑞竹堂经验方》、吴瑞的《日用本草》等；明代俞朝言的《医方集论》、陈仕贤的《经验良方》、李时珍的《本草纲目》、李中梓的《本草通玄》、傅仁宇的《审视瑶函》等；清代沈金鳌的《沈氏尊生书》、费伯雄的《食鉴本草》、钱守河的《词汇小编》、徐克昌等的《外科症治全书》、鲍相璈的《验方新编》、吴谦等的《医宗金鉴》、韦进德的《医学指南》等。清代宫廷中的"代茶饮"十分盛行。陈可冀等所编的《慈禧光绪医方选议》，即有平肝清热代茶饮、生津代茶饮等，达十五方之多。

较之唐宋，元明清期间还推出了大量行之有效的茶疗方。至今仍广为应用的"午时茶""天中茶""枸杞茶""八仙茶""仙药茶""珍珠茶"等，均出自明清时代。茶疗的应用几乎遍及内、外、妇、儿，五官、皮肤等各科及养生保健领域，茶疗的剂型也发展为散剂、丸剂、冲剂及药代茶饮等多种，服用方法也有饮服、调服、和服、顿服、噙服、含漱、滴入、调敷、贴敷、擦、搽、涂、薰等多种方式。

在我国的传统中，茶既是饮料，又可用来养生、健身、防病、治病，融合药、食为一体，兼备两种功效，因而被人们誉为"万病之药""天赐恩物"。历代医家都认为，茶叶性凉而平和，欲清热泻火、生津止渴、提神开胃，为茶最宜。

随着现代科学的迅速发展，中外科学家与医学界都极为关注、积极参与并长期研究茶叶功效和实际运用。例如，随着对茶叶内所含丰富化学成分的提取、研究和实验，茶叶的保健治疗作用尤其是它在抗癌和预防心脏病方面的功效引起了国内外医学和科学界的日益重视。茶还可以延缓衰老，延年益寿，具有防止和消除辐射的功能，有"原子时代的饮料"之称。随着科学技术的日新月异，茶这一健康饮品不仅仅是人们在地球上的享受，并且伴随着宇航员进入到太空，成了名副其实的"太空饮品"。生活在空间站上的宇航员经常饮茶，这不仅是嗜好，还是保健的需要，可谓"寓保健于品茗之中"。

更重要的是，现代科学为我们揭示了茶叶生津止渴、疗疾养生的奥秘。茶之所以有广泛的治病、养生作用，在于其所含的药用成分与营养成分。茶树由于自然条件和栽培管理方法不同，加之天然杂交变种较多，各种成分本身也变化各异，再加上加工技术不同，结构成分的差异就更大了。绿茶、黄茶、黑茶、白茶、青茶（乌龙茶）、红茶六大茶类不仅外在形态不同，而且内质的化学组成也差异明显。人体是由无数有机物和无机物构成的，生命也靠这无数而复杂的化合物不断地循环代谢。任何化合物代谢不正常，都有可能引发疾病。茶叶中含有咖啡因、茶多酚、多种维生素等成分，其功能与作用各有特色。咖啡因有兴奋神经中枢、强化思维、强心活血、消毒杀菌、解热、镇痛等功效，可对人体起到调控作用。茶多酚的功效更为全面与强大，如对多种危害人体的病菌、病毒具有明显的杀灭和抑制作用；可解重金属离子和尼古丁对人体的毒害，对某些诱变剂损伤染色体有保护作用；还可延缓衰老，降低血液中胆固醇和三酸甘油酯的含量、增强微血管的韧性和弹性、降低血脂；对抑制动脉粥样硬化，防治高血压及心血管病，以及预防微血管破裂而导致的脑卒中也有一定作用。茶中还含有脂肪性叶绿素及多种维生素，能刺激组织，具有抗菌作用，可抑制感染，并辅助治疗慢性骨髓炎和慢性溃疡等症。茶叶中药用成分达到一定浓度时，可抑制化脓链球菌的生长，还能维持神经、心脏及消化系统的正常机能，预防心脏活动失调、胃机能障碍、多发性神经炎并增加肌体对感染的抵抗力，防治坏血病（维生素 C 缺乏症），促进创口愈合，还能提高白细胞功能，具有抗衰老效应。凡此种种，均说明茶叶所含药用成分与营养成分对人体机能具有多种调节作用。

经受几千年的历史洗礼，经过一代又一代人的努力探索，特别是传统茶疗与现代科学的不断结合，茶与健康问题的研究和践行越来越系统、全面，获得了广泛的认知与丰硕的成果。在这探索与践行的队伍中，著名的茶文化专家林治先生是坚持不懈并富有成果的人士之一。1994年起，他辞任县处级行政职务，在全国广泛问茶，执着于茶艺之时，同时把茶与健康问题的探讨作为其研究重点之一。早在2006年，林治先生就撰写并出版了《茶道养生》一书。如今，又在长期研究的基础上，推出新作《茶道养生的是与非》，努力进行更为科学、全面、深入、系统地论述，著作新意迭出，如新风扑面，令人耳目一新。

茶与健康不仅是"元问题"，也是"老问题"，又是"新问题"。之所以说它是"元问题"，是基于茶叶的发现与利用；说它是"老问题"，是由于其历数千年而不衰；说它是"新问题"，是鉴于新情况、新论点、新发现层出不穷。当代社会的新理念，就直接关系着茶与健康的探讨和茶道养生的践行。《茶道养生的是与非》的撰写，有三个方面的理论基石与现实需要：一是现代的健康观。健康是人的基本权益，是人生的第一财富。传统的健康观是"无病即健康"，现代人的健康观是"整体健康"。世界卫生组织提出"健康不仅是躯体没有疾病，还要具备心理健康、社会适应良好和有道德"的健康标准。现代人的健康内容包括：躯体健康、心理健康、心灵健康、社会健康、智力健康、道德健康、环境健康等。二是"健康中国"行动。"健康中国2030"规划，作为卫生系统贯彻落实全面建设小康社会新要求的重要举措之一，是以提高人民群众健康为目标，以解决危害城乡居民健康的主要问题为重点，坚持预防为主、中西医并重、防治结合的原则，采用适宜技术，以政府为主导，动员全社会参与，切实加强对影响国民健康的重大和长远卫生问题的有效干预，确保到2030年实现人人享有基本医疗卫生服务的重大战略目标。三是茶界提出的"六茶共舞"。喝茶、饮茶、吃茶、用茶、玩茶、事茶，被称为"六茶共舞"。这是立足于茶，又跨越茶叶，三产（一二三茶产业）交融，跨界拓展，全价利用，发展新业态大茶业，适应时代多元消费新需求，促进茶产业提质增效新发展的有力举措。正是从这些新的理论与实践问题出发，《茶道养生的是与非》一书不仅介绍了"茶道养生"的实践，而且尽力使之科学化、体系化，达到新的高度与升华。

"只眼须凭自主张，纷纷艺苑漫雌黄"出自清代赵翼的《论诗绝句》。古人的诗句，正好概括了《茶道养生的是与非》的特色。其要者，有以下三个方面：

——这是一本有追求的著作

茶与健康问题，具有广泛性，既有基本理论问题，也用实践运用问题；不仅是茶文化、医药学问题，也是人类学、社会学问题。林治先生专门致力于"茶道养生"的研究与实践，取得了可喜的成绩。然而，他不满足于现状，认真梳理，深刻反思，对传统之说进行挑战，力图有所突破与发展。《茶道养生的是与非》的写作，就是缘起于他对"今是而昨非"的追求。书中开篇提倡："更新旧观念，重新认识茶"。在具体的论述之中，有多处颠覆性的观点："多喝茶能健康长寿"，是"美丽的谎言"；"早上不宜空腹喝茶"，是"大众深信不疑的谬误"；"不可以边吃饭边喝茶"，是"经不起实践检验的'真理'"；"要随四季变换喝不同的茶"，是"偷换了概念的结论"；"简单就是茶道"，是"'高人'的误导"。这些"雷人雷语"，不仅出现在目录，而且专节论述。当然，作者并非哗众取宠，而是期望创新茶道养生理论体系，"以茶养身，以道养心，以艺娱人"，把茶引进家庭，以茶构建健康、诗意、时尚的美好生活。

——这是一本有思考的著作

《茶道养生的是与非》对于一些主流观点，提出了截然不同的看法。然而，林治先生并非简单的标新立异，而是尽力进行深入的思考与认真的探讨。诸如："会喝茶的人能创造生命奇迹"，不仅采用了人们耳熟能详的古今长寿案例，还介绍了一些自己曾拜访过的长寿老人；"美好的一天——从一杯理想的早茶开始"，对于民间的早茶习俗进行了回顾与分析；"有茶处处是天堂，喝茶时时皆良辰"，对于不同时辰的喝茶提出了新的见解；"茶酒两生花，生活乐无涯"，一反传统的"茶酒争奇"，而是走向了"茶酒和谐"。对于这些别具一格的思考与异彩纷呈的论述，读者可以不同意作者的观点，却不能不折服于著作所体现出作者的才情和勇于探索的精神。对于茶艺的价值与作用，著作提出茶艺是"以茶养身，以道养心，以艺娱人"的"抓手"，确是中肯之论、精当之说。特别是作者借用旧有的"三纲五常"，提出"新三纲五常"，即以和为纲，以爱为纲，以美为纲；常觉得今是而昨非，常怀感恩之心处世，常以茶广结善缘，常用童心探索童趣，常仰望星空，叩问心灵，这种"旧瓶装新酒"，更是使茶事向茶理升华。

——这是一本有趣味的著作

林治先生是著名的茶文化专家，也是至情至性的诗人，对于茶情、爱情、亲情的一往情深，都成为他感人至深的诗歌内容。林治先生还是激情四射的演说家，我们多次共同参加茶文化活动，对于他的演讲风格与神采，历历在目，印象深刻。演讲时常常妙语连珠，下笔时往往诗兴大发，林治先生的这种特点，也融入该书的写作机体。《茶道养生的是与非》一书，读来使人兴味盎然。之所以如此，一是缘于作者思维活跃，匠心独运，多改陈说，吸引眼球。二是缘于作者的讲述风格生动活泼，娓娓道来，引人入胜。三是缘于作者满怀激情，文采飞扬，辞藻佳句，遍布全篇。理论的阐释，故事的讲述，数据的分析，诗歌的纳入，作者都是信手拈来，运用自如。而且，林治先生还把茶艺知识与操作技能相结合，把茶艺的基本原理与实际应用相融汇，使初学者与提升者都能从中获益。

当然，这也是一本值得推敲的著作，阅读时需要留意的著作。《茶道养生的是与非》虽然特色鲜明，非常好读，但我个人认为有以下几处值得商榷之处，阅读时应注意辨析。

首先，如何使理论与结论相衔接？例如，作者认为："与四时合序"是指人不但要顺应大自然的发展变化的节奏。在茶道养生方面，要做到四时有别，要根据二十四节气的变化来调整以茶养生的方法和养生的重点，而且要顺应每日二十四时的变化，根据自己的"生物钟"来安排自己如何喝茶。但是，书中又对于"应该根据四季变换喝不同的茶类"的说法提出批评。虽有分析，却略感科学依据单薄。又如，对于早上不宜空腹喝茶的讨论，该书分析了早晨喝茶的益处，又指出不能空腹饮茶错在哪里，双向思维，确有启发。不过，如果能够更为深入，对于不同身体状况的人在喝早茶时如何选择不同类别的茶叶，再进行细分，在实践层面会更加精当。

其次，如何进行更严谨的文字表述？书中提出："单纯依靠多喝茶并不能健康长寿"，观点毋庸置疑。然而，其依据与出发点是《2015年人类发展报告及人类发展指数排名》，我国各省人均寿命排名，世界五大产茶国的人均寿命都低于80岁，全球人均茶叶消费量名列前五名的国家并非都是"长寿之国"，等等。其实，寿命的长短，基于先天的遗传因素、体质强弱，后天的生活习惯、生活条件、心理因素等差异，个体的寿命长短相差悬殊。此外，寿命还会受到社会经济条件和卫生医疗水平的制约，不同社会、不同时期都会有很大差别。作者也认识到不同因素在健康中的占比，然而茶在健康中的占比，却缺少精准的大数据支撑。从不同的角度，依靠更多的数据，才更有说服力。

再次，如何看待与运用"药茶"？"药饮是当前茶艺界重点研究的课题之一"，这也是书中阐释的要点。如前所述，药饮古已有之，随着时代发展而前行，当今应该适应并且引领新时代的需要。书中提出："精细高雅的清饮，温馨浪漫的调饮，益寿延年的药饮三足鼎立，相互补充，相辅相成，相得益彰的茶艺理论新体系。"初看似乎有理，深究还可琢磨。"清饮""调饮"，是中国饮茶方式的两大体系。而"药饮"，则是以功能为视角的分类。很显然，三者是不同视角的观察。"清饮""调饮"，都可能具有"益寿延年的药饮"功效。更何况，"是药三分毒"，国家对于药物的管理与使用有明确的法律规定，茶艺界、茶艺人员应该严格遵守执行。正因为如此，《茶艺师国家职业技能标准》（2018 年版）明确规范：茶艺师提供的"茶健康服务"，仅仅局限于"养生、预防、调理"，而"治疗"则必须有行医资质者才能进行。茶的"药饮"，只能在国家规定的范围内执行，无论研究与治疗都必须如此。

我们之所以对该书提出一些值得推敲的意见，是为了精益求精、锦上添花；对于阅读者进行提醒，是为了不至于误读与误用。林治先生是有影响力的茶文化专家，他的讲述与著作聆听和阅读者甚众。指出相关问题，让大家来思考与研究，当会使茶与健康问题的探讨更加深入和完善。恰巧我对茶与健康问题也长期关注，不断研究，1999 年主编《中华茶文化丛书》时，特邀请江西省中医院叶义森主任医师撰写《茶饮康乐——中国茶疗的发展与运用》；2002 年后，主编的《中国茶疗》《中国茶与茶疗》先后由三家出版社出版。这次有幸率先拜读林治先生新作，正好结合心得，略陈己见，向他请益。更何况，林治先生再三邀请作序时，坦陈不必存在顾虑，完全可以直抒胸臆，希望提出不同意见。他的这种深情厚谊与坦荡风尚，令人感动与钦佩！我们是老友、挚友、诤友，对于不同观点虽有讨论，却真情实感依然如故，此次作序自然也实事求是、直率坦言。当然，这样的再三推敲，甚至可以说"吹毛求疵"，丝毫不影响《茶道养生的是与非》一书的价值与作用，作者的孜孜追求、良苦用心、勇于思辨、才气情怀，都已融入字里行间。

林治先生是茶人，也是诗人。我作为《茶道养生的是与非》的首批阅读者之一，特把学习心得浓缩在"茶道养生，科学运用"的藏头诗中。文字虽有不协，为了不以词害意，只得任之。

茶饮齿颊留馨香，

道远知骥多气象。

养心安神乐闲适，

生花妙笔理红妆。

科察着力需思辨，

学海行舟共苍茫。

运斤成风再挥毫，

用智铺谋赋新章。

如今，我们正进入 21 世纪 30 年代。在这科技发达、信息爆炸的时代，激烈竞争与日新月异并存，高速效率与身心忙碌同在。经历新冠疫情的日日夜夜，健康、长寿、幸福、快乐，成为人类共同的追求！茶道养生在人类的身心健康、美好未来发挥着积极作用，前景不可限量！

让我们尽情享受茶生活，创造更加美好的茶世界！

2020 年 12 月 8 日于洪都旷达斋

——余悦，江西省社会科学院首席研究员，中国茶文化重点学科带头人，多所大学教授、研究生导师，《茶艺师国家职业技能标准》编制专家组组长、总主笔，国家职业技能等级认定培训教程《茶艺师》主编，茶艺师职业技能鉴定国家题库编写专家组组长、首席专家，中国民俗学会茶艺研究专业委员会主任、万里茶道（中国）协作体副主席、茶艺国际传播中心主任，享受国务院特殊津贴专家，主编和撰写茶文化著作 50 多本，发表论文 180 多篇，主持全国与省部级课题 18 次，38 次获得全国和省部级奖励，先后到美国、法国、日本、韩国、澳大利亚、泰国、蒙古国等进行讲学与交流。

书评

一

　　本书对茶人们长期以来习以为常的问题进行了重新思考与整理，给出了新的诠释，扩展和刷新了人们对于饮茶时各个方面信息的认知。全书涉猎的范围非常广泛，且行文流畅，具有可读性。

　　全书紧扣"茶道养生的是与非"这个主题，条理清晰，针对人们普遍关注却又存在认识模糊的问题展开多角度的深入探讨，旁征博引，既有经典理论，又有可靠数据；既有古今案例，又有实践经验。论述的观点新颖，文字活泼，引人入胜。尤其难能可贵的是，这本书不仅在具体观念上有所创新，还一改茶界"就茶论茶讲养生"的老套路，打破了行业界限，实行多学科协作，开创了"以茶养身，以道养心，以艺娱人"的茶道养生理论新体系。强调以茶养身为基础，以道养心为根本，以艺娱人为抓手，引导大众以茶构建健康、诗意、时尚的美好生活，使人保持身心愉悦，在"日日是好日"的生活状态下益寿延年。

　　盼望此书早日出版！

焦家良

2020 年 9 月 28 日

——焦家良（研究员、博士生导师、第十一、十二届全国政协委员，先后创建了盘龙云海集团、龙润集团、龙润茶业集团、理想科技集团，任龙润集团、理想科技集团董事长，并担任云南省食品安全协会会长、湖南农业大学博士生导师、中国人民大学董事会董事、云南农业大学龙润普洱茶学院名誉院长等职，率先提出"用制药的经验做茶"，在茶与康养深度融合方面有深入的研究和丰硕的成果，先后获得全国五一劳动奖章、全国劳动模范等称号）

二

林治先生是我一直敬佩的中国知名茶文化学者，他的茶文化系列图书内容新颖、富于启迪，我每本必读，常常爱不释手。近日拜读他的新作《茶道养生的是与非》清样，犹如春风拂面，耳目一新，感受颇深：①超越意识：作者站位高，视野广，跳出茶来看茶，给茶及茶道养生以耳目一新之感。②知行合一：书中大量生动素材与案例，均来自他事茶经年，行十万里路，跑遍全国重要茶区的一手材料。极为难得。③融合思维：他运用多学科的理论与分析方法，辩证地探讨茶道养生的是与非，从而对茶道养生的认识更加全面，并逐渐形成了自己的茶养生理论体系。④求真务实：他善于独立思考，有批判精神，不人云亦云，书中有许多独到的观点与实践的创新。⑤直面问题：针对消费者疑难，实事求是地做出回答，不回避矛盾。林治先生释疑解惑，既有茶学理论的条分缕析，又提供业界典型案例，读后令人信服。

相信本书的出版，将会对广大读者科学地认识茶道养生、推动茶道养生的健康发展起到积极的作用。并希望有更多的既有理论高度、文化深度、前瞻意识，又能够为中国茶产业健康发展提供指导的茶读物问世。

杨江帆

2020 年 9 月 28 日

——杨江帆（教授、博士生导师、福建省政协常委、福建省科协副主席、全国优秀科技工作者、国家特色专业（茶学）学科带头人、杰出中华茶人，主编了 2010 年以来的《茶业蓝皮书：中国茶业发展报告》，以及编著了《茶业经济学》《茶业管理学》《茶业企业经营管理学》等 8 部茶文化教材和专著。曾任福建农林大学党委副书记、武夷学院校长、北京大学公共经济管理研究中心茶文化经济研究所常务副所长、福建省茶文化研究会会长、中国社科院茶业发展研究中心专家委员会副主任，多次赴法国、德国、意大利、比利时、荷兰、奥地利、澳大利亚、新西兰等国广泛开展茶文化交流）

三

庚子中秋，欣得林治先生的新作《茶道养生的是与非》的样书，阅罢有如清风扑面，令人豁然开朗，自觉对茶道养生的认识进入了一个全新的更高境界。我觉得该书有五大特点：

第一，立意高远，内容博大、系统、全面。林治先生开宗明义，从"什么是茶"这个看似浅显的问题拉开了识茶帷幕，一首《茶，任由我想象的一杯水》令人耳目一新，艺术地为科学阐述茶道养生做了引人入胜的铺垫。

第二，学术水平高。林治先生将自然科学、社会科学、人文科学完美结合，打破了过去讲茶道养生基本上都局限于讲茶叶的营养成分。本书开创了"以茶养身、以道养心、以艺娱人"的茶道养生理论新体系。

第三，实践性强。林治先生在书中提出"精细高雅的清饮、温馨浪漫的调饮、益寿延年的药饮"，三者相互补充，相得益彰，三足鼎立的饮茶新方法，根据自己几十年的习茶实践经验，介绍了许多"玩茶"妙招，具体指导读者以茶构建健康、诗意、时尚的美好的生活。

第四，本书的另一个亮点是林治先生凭借自己长期"问茶"的心得体会，颠覆并厘清了社会上广泛流行的一些茶道养生上的片面观点和错误认识，例如"切忌早上空腹喝茶""不可边吃饭边喝茶""四季要喝不同的茶类"等人们习以为常且深信不疑的错误观点。他对以茶养生的具体方法不乏改进与创新，这里不再赘述，让读者自己去书中领悟吧。

第五，本书语言简练、旁征博引、内容丰富，表现了林治先生深厚渊博的茶文化功底。纵观下来，书中有"四多"，即引用的实例多、引用的数据多、引用的古诗词多、引用的名人语录多。再加上林治先生丰富的词汇和精准的表达，此书读起来令人兴趣盎然。为此，我向朋友们推荐这本令我受益匪浅的好书！

郗恩崇

2020 年 10 月 1 日

——郗恩崇（长安大学教授、博士生导师、世界百强名校英国利兹大学访问学者。曾任长安大学 211 办主任、继续教育学院院长、外事处处长、国际合作处处长等职务，出版主编教材、专著 14 部，参编 4 部，完成科研课题 20

多项，公开发表论文 30 多篇。曾获交通部—香港"吴福—振华"优秀教材奖，中国交通教育研究会科研成果一等奖，河北省科研二等奖，陕西省教委科技进步三等奖等奖项，曾任中国高校茶文化学系列教材编委会委员，专注于茶文化研究，对茶道养生有独到的见解）

四

随着全世界新冠病毒引发的疫情问题的日益严重，健康已被越来越多的人群所关注。什么是健康？健康就是拥有强壮的体魄，能抵御各种疾病的侵袭。从深层次来说，健康还包含健全的精神状态，良好的调节能力。因此，提升自我保健意识，培养健康的生活习惯，必将受到越来越多的人所追求。所谓"正气存内，邪不可干"。正气即为免疫力，若要增强自身的免疫力，养生自然被提到非常重要的地位。

饮茶养生在我国已有五千年以上的历史了，林治老师新出的《茶道养生的是与非》一书，为我们澄清了许多流传于民间的以茶养生的一些错误理论，纠正了人们头脑中一些有关茶道养生的不正确观点及想法，非常值得一读。我本人就常用喝茶来养生，甚至用喝茶来治病，茶叶简单地可分为发酵茶和非发酵茶，但它们都含有植物内生菌，并带上了当地微生物的记号，而人类许多疾病都是由微生物（病毒、细菌、真菌等）引起的，所以茶叶中的微生物可以防治其他微生物的生长和繁殖。人体的免疫力，其实就是肠道菌群所产生的，调节肠道菌群的生长，即可达到防御疾病的目的，而茶叶确具有调整肠道菌群的作用，可以养生保健及疗病。茶有"上清头目，中消食滞，下利二便"的作用。不同的人群根据自身体质可选用不同的茶叶来饮用，根据季节和自身情况，选择合适的茶饮，这样才能做到对健康有利。我也在学校开设了《水疗康养》一课，其中茶疗就是其中一个重要的组成部分。

总之，《茶道养生的是与非》一书能帮助人们走出饮茶的误区。提升自我保健养生意识，培养健康的生活习惯，茶道养生必将受到更多朋友们的追求。

李海涛

2020 年 10 月 2 日

——李海涛（中国药科大学博士、南京中医药大学博士后、教授、博士生导师、美国 Drexel University 大学客座教授、中国药文化研究会副会长，中国药文化研究会水疗康养分会会长、世界中医药学会联合会药膳食疗研究专业委员会副会长、世界药膳养生协会秘书长、世界健康促进联合会副理事长、《中国临床药理学与治疗学》评审，在以茶养生方面有渊博的理论知识和丰富的实践经验）

五

随着社会节奏加快，人们逐渐意识到健康的重要性，茶道养生也随之受到广泛关注。林治老师是我尊敬的老师，他的大作《茶道养生的是与非》一书，提出了"以茶养身，以道养心，以艺娱人"的观点，书中既有对古往今来茶界名人名文的旁征博引，又有林治老师的实践论证、知行并重，令人耳目一新。书中对茶的养生之道娓娓道来，读之有振聋发聩之感。该书推陈出新，对现下流行的许多观点进行了清晰的解读，让人们重新认识茶、了解茶。林治老师对各大茶类的诠释如数家珍，其语言描述栩栩如生，引人入胜，充分展现了茶文化的博大精深。林治老师此书为弘扬中华茶文化起到了积极推动的作用，值得细细品读。

书中虽然表达了"早上可以空腹饮茶""可以边吃饭边喝茶"及"酒后可以饮茶"等观点，但在实际生活中，不同的人喝茶时所习惯的浓度也有所不同，不能简单的一言而论，否则容易给读者造成误会。目前已有科学研究表明，"高浓度的绿茶对胃黏膜存在损伤危害""高浓度绿茶会进一步损伤消化性溃疡患者的胃黏膜屏障"，根据这些结论，我们认为"早上空腹宜饮淡茶"更为贴切。因此，书中若能引用相关研究文献，从科学角度向读者详细阐明饮茶浓度对人类健康的影响，更清晰地传达出"喝茶当因人而异"的观点，将更为严谨。希望此条建议，能使更多读者更为深入地领会林治先生在本书中的观点，得到更多的受益！

王岳飞

2020 年 10 月 14 日

——王岳飞（博士、教授、博士生导师、浙江大学茶学学科带头人、浙江大学茶叶研究所所长、国务院学科评议组成员、中国科协首席科学传播茶学专家、中华预防医学会自由基预防医学专业委员会常务委员、浙江省茶叶学会副理事长，主要从事茶叶生物化学、天然产物健康功能等方面的教学与研究，获第二届全国创新争先奖、中国茶叶学会科学技术一等奖、浙江大学教学成果一等奖。主讲的国家级大学精品视频公开课《茶文化与茶健康》点击量超过 2600 万人次）

六

　　近日，拜读林治先生《茶道养生的是与非》的初稿，感触良多。书从茶、茶道、茶与养生为主线，收集与整理了大量资料，期间走访了许多地域，和饮茶之人进行了深入的交流与沟通，从茶叶品质化学的物质层面和茶在养生中的精神层面进行了深入的论述与分析，在此基础上就相关概念和问题进行了梳理，根据自己的教学和事茶体会提出了自己的见解，极具高度和深度。这些见解无疑从另一角度给人以思考和认知，是一种正能量的传递和展现。

　　总之，该书内容丰富、资料翔实、见解深刻、结论独特，细细读来，发人深省，使读者受益良多。

朱　旗

2020 年 10 月 3 日

　　——朱旗（湖南农业大学二级教授、博士、博士生导师，英国萨里大学、日本静冈大学、泰国皇家理工大学高级访问学者、湖南省茶业协会副会长、《茶叶科学》编委，曾荣获国家科技进步二等奖、湖南省科技进步一等奖、二等奖等多个奖项。主编了全国高等农林院校"十二五""十三五"规划教材《茶学概论》等）

目录

茶道

养生的

茶道是养生是与非

六如茶文化研究院林治先生崭新力作。

从饮茶品茶到养生怡情，茶与健康息息相关。

亮出「慧剑」，激浊扬清，对茶道养生的误区直言不讳。

仁者、智者共谱茶道养生的华丽画卷。

第一讲

更新旧观念，重新认识茶

作者与朱旗教授神州问茶

　　为什么当前我国茶文化的发展成就斐然却存在诸多问题，其中一个很重要的原因就是对茶的认识仍然停留在农耕文明时期的旧观念上，没有跟上时代的发展。因此，我们探讨茶道养生的是与非必须从对"茶的认识"这个基本问题讲起。

一、什么是茶

　　茶，可谓家喻户晓，但要准确将其表述出来并不容易。有关茶的定义，其中最早是由唐代茶圣——陆羽所给出的。他在《茶经》开篇即开宗明义地写道："茶者，南方之嘉木也。"讲得极为简洁明了，去掉者与也两个文言虚词，仅用六个字就把茶讲得清清楚楚了。什么是茶呢？茶是生长在南方温湿地带的木本植物——嘉木。这个"嘉"字用得极妙。"嘉"指美、善，一般用于对人物的褒奖、表彰例如嘉宾、嘉奖、嘉许等。在茶字之前加一个"嘉"字，把茶的地位大大提高了，与此同时，也把茶写活了。

陆羽对茶的定义固然简明扼要，但那毕竟是农耕文明时代的定义。随着历史的发展，面对全球茶叶市场个性化、多元化、功能化的需求，对茶的认识若还停留在农耕文明时代就远远落伍了。当代人要全面、准确、系统地研究茶，要从自然科学、社会科学、人文科学三个角度给茶下定义，而且在经营活动和实际生活中还可以根据大众的喜好灵活趣解。

从自然科学的角度讲茶，最准确的方法是根据瑞典生物学家卡尔·冯·林奈的生物分类法给茶下定义。简单地说，茶是由植物界被子植物门、双子叶植物纲、山茶目、山茶科、山茶属、茶种植物的嫩芽与嫩茎加工而成的饮料。这样讲虽然准确，但是非专业人士听起来会觉得过于专业，我们在日常茶叶推广中往往通过戏说趣解的方式，使大家在诙谐中领悟茶的定义。例如，把"茶"

字拆解就能把茶讲得既风趣幽默又通俗易懂——茶字上面是草字头，下面是木字底，当中是一个人，即人在草木中。草木代表大自然，说明茶能够引领我们的心回归自然，融入自然，到大自然的怀抱当中去感受自然母亲的温暖和生命的律动。这样讲听起来虽然很有意境，但还不够有吸引力。大家再看，茶字上面的草字头是"廿"，是"二十"的意思。下面的笔画像是竖排的"八十八"。两个数字相加得108，所以108岁被茶人称为茶寿。因此，在中国、日本、韩国，以及东南亚各国，茶人之间祝寿经常会说"祝您喝茶得茶寿"。健康长寿是人类永恒的追求，人们希望喝茶能得茶寿，能活到108岁，爱茶的人自然会梦寐以求。女士的要求更高，不仅要长寿，还渴望青春永驻。所以茶字还可以趣解为把下面木字底看成"十八"，和"廿"形的草字头组合在一起，就是"今年二十，明年十八"的美好寓意。当然，这是对茶字的趣解，是为了更利于大家理解茶的定义。

这些解释虽然生动有趣，但是都属于"戏说"，不能作为茶的科学定义。茶的社会科学定义可以用20个字来概括，即茶是"健康之液、快乐之水、灵魂之饮、民生大计、图腾饮料"："健康之液"是茶的核心竞争力；"快乐之水"是茶的魅力因素；"灵魂之饮"是中国茶的特色。在我国，茶文化不仅包括茶艺还包括茶道。在茶艺中，凝聚了我国56个民族的茶风茶俗和品茗艺术。在茶道中承载了中华民族优秀的传统文化，它有深厚的思想内涵。茶还是"民生大计"，从狭义的角度理解，茶产业关系到数千万茶农、茶工、茶商及茶科技、茶文化工作者的生计；从广义的角度理解，茶能够促进社会和谐，增进家庭和睦，益于大众健康，利于国际交流，是关乎整个社会的民生大计。茶还是"图腾饮料"：图腾是远古时代的人们由于对大自然没有深刻的认识，从而把一些动植物当作祖先敬仰或视为神明供奉，因此而产生了图腾。据《神农本草经》记载："神农尝百草，日遇七十二毒，得茶而解之。"古文中的"茶"就是现在的茶，茶是我们中华民族首先发现并加以利用的，所以我们更应用心事茶。

二、什么是狭义的茶和广义的茶

在商业经营上和实际生活中茶包括狭义的茶和广义的茶两类。

（一）狭义的茶

狭义的茶是特指用被子植物门、双子叶植物纲、山茶目、山茶科、山茶属、茶种植物的嫩芽与嫩茎加工成的饮料。这是茶学研究的主要内容。茶学界把狭义的茶分为基本茶类和再加工茶类这两大类。又进一步根据加工工艺的不同将基本茶类细分为不发酵的绿茶、全发酵的红茶、半发酵的乌龙茶（也称为青茶）、轻微发酵加闷黄的黄茶和不杀青、不揉捻晾干的白茶，以及经过有益微生物发酵的黑茶六类。

苏东坡有诗曰："戏作小诗君一笑，从来佳茗似佳人。"他把茶比喻成美女，比喻得大胆、贴切。顺着苏东坡的思路展开，茶如果是美女，那么绿茶则如豆蔻年华的少女，略带生涩且充满活力，清纯靓丽；红茶如具有传统美德的东方女性，温柔妩媚，温婉可亲，温顺包容；乌龙茶如国际巨星，个性突出，一啜难忘，韵味无穷；白茶、黄茶如不食人间烟火的道姑，清丽高雅，超凡脱俗，不染红尘。黑茶好比《聊斋志异》中的女性——不符合卫生标准，粗制滥造的黑茶，如同"画皮"，无论包装得多么古雅质朴或华丽高贵，只要你和她亲近了就会伤身体；优质的黑茶好比狐仙，如"娇娜""小翠""红玉""莲香"，各具魅力，销魂夺魄。我们学茶必须要了解不同茶类的茶性，只有这样才能驾驭茶性，真正做到"以茶养身、以道养心、以艺娱人"。

（二）广义的茶

中医界习惯把各种植物的根、茎、叶、花、果制成的汤剂都称为"茶"。如苦丁茶、杜仲茶、绞股蓝茶、罗布麻茶、银杏茶、胖大海茶、人参茶、丹参茶、大麦茶、钩藤茶等，多不胜数。茶学界把它们称为"代茶类"或"非茶之茶"。

三、茶概念的创新

仅仅掌握了上述概念仍然不够，要想打破传统的喝茶观念，创新出异彩纷呈的茶艺，推广当代人乐于追捧的喝茶新时尚，首先必须对茶的概念推陈出新，要从人文科学的角度艺术化地描述茶，使人们对茶文化有更广阔，更美好的想象空间。2015 年，我曾任中国大学生茶艺团团长，带队参加"意大利米兰世博会中国茶文化周"的茶艺表演。当时带去了一首歌曲（由我作词，由青年文化艺术大使田七先生谱曲）歌词如下：

《茶，任由我想象的一杯水》

不记得曾把你捧起几回，亲吻几回。

不记得曾把你放下几回，回味几回。

茶啊！在众人的眼中，你总是最美、最美。

陆羽为你写经，东坡为你陶醉，

才子佳人为你夜不能寐，

乾隆皇帝为你放弃帝位。

茶啊！在我的心中，你永远最美最美。

你是能喝的唐诗宋词，

你是《聊斋》里的小翠，

你是禅，你是梦，

你是海里的浪花，你是天边的流霞，

你是观音菩萨净瓶中的甘露，

你是任由我想象的一杯水！

任由我想象的一杯水

我们拓展开思路，把茶视为任由自己想象的一杯水，我们泡茶的方法和品茶的艺术才能有质的飞跃。当然，任由想象不是指胡思乱想，必须紧扣最关键的三句话去展开：其一，"茶是能喝的唐诗宋词"。"唐诗宋词"是中华民族传统文化的精华，在茶中应该融入我们中华民族优秀的传统文化，只有这样茶才能成为灵魂之饮。其二，"茶是《聊斋》里的小翠"。大家都知道《聊斋》里的那个狐仙小翠可爱迷人，我们要把茶的魅力充分展现出来，让更多的人为茶痴迷，使越来越多的人为茶"梦里寻他千百度"，"衣带渐宽终不悔"。其三，"茶是观音菩萨净瓶中的甘露"。这是茶的核心竞争力。我们常将茶比喻为传说中观音菩萨净瓶中的甘露，为人们消灾祛病、延年益寿，那么我们在茶道养生实践中，就应该把茶的这个功能加以强化，推广到民间，让茶为人类健康做出更大的贡献。

人们常说："思路决定出路，观念指导实践。"中国茶文化要在历史辉煌的基础上有新突破、新发展，解放思想与更新观念是前提。我们学习茶道养生必须首先用现代人的眼光准确、全面、深刻地认识茶，然后才能把茶的养身功效，茶道的养心法门，茶艺愉悦身心的功能巧妙整合，使它们养生健体、延年益寿的功效得到充分发挥。

茶的社会科学定义可以用20个字来概括，即茶是"健康之液、快乐之杯、灵魂之饮、民生大计、图腾饮料"；"健康之液"是茶的核心竞争力；"快乐之水"是茶的魅力因素；"灵魂之饮"是中国茶的特色。

作者与勐海巴达茶树王

第二讲

美丽的谎言——多喝茶能健康长寿

健康是人们最宝贵的财富，健康长寿是人类永恒的追求。大家都希望自己健康长寿，那怎样才能实现这个愿望呢，各界专家众说纷纭，芸芸众生盲目跟风，各种说法莫衷一是。有的养生专家说晨练能长寿，有的说跳舞能长寿，有的说唱歌能长寿，还有的专家说修佛能长寿。各种各样的养生说法，让追求健康长寿的大众陷入了茫然。到底怎样做才能益寿延年？还有许多人都把目标瞄向了茶，认为"多喝茶能健康长寿"。这个观点被大家口口相传重复了无数次，从美丽的谎言变成了"真理"，成为爱茶人的共识。我也曾一度热衷于宣传这个观点，为此写了很多书并且到处宣讲。但现在我却不得不痛心地告诉大家，和上述各种靠单一方法养生的理论一样，片面强调"多喝茶能健康长寿"是错误的。

中国是茶的故乡，是茶文化的发祥地，茶也因此被称为"国饮"。我们祖祖辈辈喝了数千年茶，但在联合国开发计划署公布的《2015年人类发展报告及人类发展指数排名》上，我国当时的人均寿命为73.5岁，位次仅仅排在世界人均寿命的83位。日本人均寿命为83.4岁，瑞士82.3岁，澳大利亚81.9岁，意大利81.9岁……这些国家的人均寿命都远超过我国。我国虽然"茶为国饮"，但是从人均寿命的数据来看，目前还只能算是中等寿命的国家。

再来看看我国各省的人均寿命（资料来源：中国茶叶信息网）：全国人均茶叶消费量最高的是西藏自治区，人均寿命仅为68.17岁，在全国排倒数第一位；全国著名的产茶大省，气候宜人、民俗尚茶的云南省人均寿命仅为69.54岁，位居全国倒数第二位；排在倒数第三位的青海省也是一个人均茶叶消费大省，人均寿命69.96岁；茶叶种植面积全国最大的贵州省人均寿命仅71.1岁，名列全国倒数第四位……可见人们能否健康长寿与其喝茶的量并不呈正比。

除了用中国人均寿命的数据论证"单纯依靠多喝茶并不能健康长寿"外，我们还可以再看看有关世界各国人均寿命的两组数据：

第一，世界五大产茶国分别是中国、印度、斯里兰卡、肯尼亚和土耳其。2015年，中国的人均寿命73.5岁，位列世界人均寿命的83位；印度人均寿命65.4岁，排名世界人均寿命的136位；肯尼亚人均寿命57.4岁，排名世界人均寿命的158位。斯里兰卡和土耳其略高一点，斯里兰卡人均寿命76.9岁，排名世界人均寿命的59位；土耳其人均寿命76岁，排在世界人均寿命的76位。世界五大产茶国的人均寿命都远远低于80岁，都称不上是长寿国家。

第二，大家可能会认为产茶大国未必是人均茶叶消费大国。那么，我们再来看看 2015 年全球人均茶叶消费量名列世界前五名的国家的数据：第一名是土耳其，人均茶叶消费量 6.961 磅，人均寿命 76 岁；第二名是爱尔兰，人均茶叶消费 4.831 磅，人均寿命 81.5 岁，位居世界人均寿命的 18 位；第三名是英国，人均茶叶消费量 4.281 磅，人均寿命 80.2 岁，位居世界人均寿命的 21 位；第四名是俄罗斯，人均茶叶消费量 3.051 磅，人均寿命 68.8 岁，位居世界人均寿命的 120 位。第五名是摩洛哥，人均茶叶消费 2.682 磅，人均寿命 72.2 岁，居世界人均寿命的 105 位。人均茶叶消费量前五位的国家里，只有爱尔兰和英国的人均寿命超过了 80 岁，属于长寿国家，然而其他三个茶叶消费大国的人均寿命排名都很靠后。可见单纯依靠多喝茶并不一定能延年益寿。那么，爱尔兰和英国的民众也爱喝茶却为何能长寿呢？他们的经验正是我们在茶道养生中要探讨的重点，这一点将在后面的篇章中做详细阐述。

茶是大家公认的健康饮料，但是为什么多喝茶却未必能健康长寿？经研究发现，影响人类寿命的因素很多，既有内部因素，也有外部因素，这是一个非常复杂的系统工程。据世界卫生组织的调查表明，影响长寿的各种因素中，遗传等内部因素占 15％，社会因素占 10％，医疗条件占 8％，气候等地理因素 7％，个人心理平衡和生活方式占 60％。为此，世卫组织于 1992 年在《维多利亚宣言》中提出健康长寿的四大基石：合理膳食、适量运动、戒烟限酒、心理平衡，这四点中均不可忽视。其后，各国医学专家基本都是根据世卫组织的框架对健康因素进行深入研究。2009 年诺贝尔医学生理学奖获得者，美国的伊丽莎白教授得出了大致相同的结论：人能否健康长寿，合理膳食占 25％，其他因素占 25％，心理因素和生活习惯占 50％。明白了这些道理,我们就会领悟到当前我们以茶养生的误区是因为片面夸大了茶的养生功效。在研究茶道养生时往往局限于就茶论茶,基本上侧重于研究茶中含有的化学成分,以及它们的保健功效,而忽视了健康长寿众多的其他因素,特别是忽略了最主要的心理因素和生活习惯对健康的作用。

当然,推广茶道养生时传授茶的理化知识也是非常必要的,但是只讲化学物质而忽略如何培养健康的心态和良好的生活习惯是"捡了芝麻,丢了西瓜"。因为心理健康和良好的生活方式才是健康长寿的关键因素。近年来,越来越多的养生专家认同"良好心态对身体健康的作用远远超出人们的想象",很多调查报告也都证实了这一点。四川省成都市老龄委曾对720名百岁老人进行调研。无独有偶,美国一所研究院的科研人员也曾对700名百岁老人进行了为期3年的跟踪调查。双方调查的结论居然高度一致:"长寿的主要秘诀是乐观。"因此,我认为要想真正做好茶道养生,必须贯彻落实世界卫生组织的《维多利亚宣言》,跳出就茶论茶的老套路,打破行业界限,实行多学科合作,在健康长寿的四大基石上全面下功夫,并且侧重于通过修习茶道纠正不良心态,培养乐观心态,养成健康的生活习惯。为此,我创办的六如茶文化研究院在茶道养生方面开创了"以茶养身，以道养心，以艺娱人"的理论新体系。在茶道养生的实践方面我们倡导把茶引进家庭，以茶构建健康、诗意、时尚的美好生活。下面，我们就来讲一讲具体做法。

其一，茶是养生的物质基础。中国有六大茶类，有成千上万种名茶，虽然各种茶都具有《中国茶经》中总结的 24 种养生功能，但是因为不同茶类的茶树品种不同，茶园生态环境不同，加工工艺不同，存放时间不同，所以各种茶的茶性各不相同，养生的侧重点也就会有差别。我们必须把各种茶的养生特点和禁忌了解透彻，才能根据不同人的性别、年龄、体质状况和饮食结构选择相宜的茶。中医学有一句名言叫作"对症下药"，在如何以茶养身方面，我们姑且把这句话略加改造，推广"因人选茶"吧。不过"凡事过犹不及"，实践中要注意"因人选茶"，但又不可过分强调"因人选茶"，因为除了极少数身体有特殊情况的人之外，绝大多数人完全可以随心所欲喝自己喜爱的任何一种茶，并且四季咸宜。

其二，在认真学习以茶养身的物质基础的同时，加强对"以道养心"的研究和普及教育，注重"以道养心"是茶道养生相比其他各种各样养生方法的高明之处，引导爱茶的人通过修习以"和"为哲学思想核心的中国茶道，培养健康的心态是茶道养生的重点。健康的心态具体包括哪些内容？美国戴维·赫金斯博士的团队用了 20 多年的研究得出一个结论：有利于健康长寿的心理因素是开悟、平和、喜悦、爱、明智、宽容、主动、淡定。茶道养生很重要的一个方面就是在习茶的过程中培养这八个有益于人体健康的心理要素，同时根据中国茶道的精神培养"感恩、包容、分享、结缘"的人生观，"天人合一"的整体观，"清静无为"的养生观，"上善若水"的道德观和"逍遥自在"的幸福观。六如茶文化研究院在长期的探索和实践中提出以"新三纲五常"为基石，铸就茶人良好的心态。"新三纲"即"以和为纲，以爱为纲，以美为纲"，"新五常"即"常觉得今是而昨非；常怀感恩之心处世；常以茶广结善缘；常用童心探索童趣；常仰望星空叩问心灵。"同时逐步克服愧疚、冷漠、悲伤、贪婪、仇恨、愤怒、骄傲等不利于身心健康的心态，使爱茶的人能把紧张、枯燥、无奈甚至苟且的生活过成诗一般的日子，使自己能身心愉悦地享受幸福人生，快快乐乐地益寿延年。

其三，茶艺是"以茶养身，以道养心，以艺娱人"的抓手，对于推广茶道养生，创新喝茶的方法十分重要。因为以茶养生的关键是抓落实，最基础的工作是引导茶进机关、进学校、进企业、进社区、进家庭，指导大众以茶构建健康、诗意、时尚的美好生活。然而，大众是否乐于接受喝茶方法的创新，则要看所推广的茶艺是否便于家庭操作，是否简便实用，是否有趣，是否能把喝茶这样平凡的生活琐事升华为大众乐于追捧的时尚生活艺术。以茶养生不是单纯以茶解渴，而是"玩茶"，尽量把茶玩得随心所欲，玩出身心愉悦，玩到欲罢不能。例如，根据自己的爱好，有选择地把茶艺与插花、焚香、挂画、沐足、食疗、理疗、瑜伽、芳香疗法、音乐疗法、气功导引等相结合，使生活更加多姿多彩。喝茶方法的创新首先是茶艺理论的创新，要打破茶艺创新的种种阻力，努力构筑精细高雅的清饮、温馨浪漫的调饮、益寿延年的药饮三足鼎立，相互补充，相辅相成，相得益彰的茶艺理论新体系。在茶艺的推广普及方面我们采取将表演型茶艺、生活型茶艺、营销型茶艺、养生型茶艺分类研究、分别培训的新方法，并且以生活型茶艺为"重中之重"，以研究推广养生型茶艺为"重中之首"。倡导饮茶、品茶、吃茶、用茶、玩茶、习茶，与"六茶"共舞。

第三讲

奇怪的现象
——会喝茶的人能创造生命奇迹

上一讲提到"多喝茶未必能健康长寿",这一讲却要讲"会喝茶的人能创造生命奇迹"。这是自相矛盾吗?实际上,这两种观点并不矛盾。下面,让我们认识几位通过喝茶创造了生命奇迹的茶人。

一、历史上创造生命奇迹的茶人

(一)从谂和尚

唐代赵州的从谂和尚(778—897)被人尊为"赵州古佛",他师从南泉普愿禅师,是六祖慧能大师的第四代传人。在唐大中年间(857),已经80岁的从谂和尚行脚至赵州,当时的他已经名扬四海,赵州的官府要员和信众都恳请他留下来主持观音院。他在观音院弘法四十年,僧俗共仰,震古烁今。当时的佛教界有个说法,南有"雪峰古佛",北有"赵州古佛",即指从谂和尚。从谂和尚的生平年谱记载,他驻世虚120年。唐朝时期人均寿命只有27岁,老和尚却活到了"双花甲",他圆寂后火化出七彩舍利子并被供奉在寺内，谥号"真际禅师"，他为僧俗两界留下来参详千年的"吃茶去"公案。从谂和尚如何因茶得长寿？我们在后面的章节还要做详细介绍。

（二）虚云和尚

当代高僧虚云和尚（1840—1959）的世寿也是虚 120 岁。他幼年身体不好，时常呕血，曾在冰天雪地中冻了七天七夜，命悬一线，还曾落水，幸而遇救……为了报答母恩，虚云和尚从普陀山起香，三步一叩拜，一直拜到山西五台山，身体极度透支。他靠喝茶调养身心，经历了数次劫难，克服了万千困苦，活到了仙寿虚 120 岁。虚云和尚写了很多茶诗，我搜集到的有 14 首，其中有一首《秋月》能说明虚云和尚长寿的秘诀："此际秋色好，得句在高楼。启户窥新月，烹茶洗旧愁。""启户窥新月"，是开启心灵的窗户，让明媚皎洁的月光照射进来，使自己的心境光明磊落。"烹茶洗旧愁"，是借助茶水洗心涤髓，把

"一碗喉吻润，二碗破孤闷，三碗搜枯肠，唯有文字五千卷。四碗发轻汗，平生不平事，尽向毛孔散。

一切忧愁苦闷和烦恼清除得干干净净，使自己保持良好的心态。

二、凡人也能创造生命奇迹

高僧能够长寿，我们比较容易理解。下面，再介绍几位我曾登门拜访过的平凡之人，他们一样以茶创造了生命的奇迹。

（一）郑苍松居士

郑苍松居士曾经做过军医，抗日战争时期他救死扶伤，为了民族解放立下了不朽的功勋。他在"文革"中双腿落下残疾，晚年皈依佛门。2003 年正月初三那天我去拜访他，在福建漳州的一座小庙中见到了这位可敬的老人。郑老时年 112 岁。他坐着轮椅出来见我，慈眉善目、满脸祥和，双目炯炯有神，谈吐风趣幽默、应答从容。

作者与时年 112 岁的郑苍松居士一起品饮武夷星大红袍

随行之人向他介绍我是研究茶文化学者，特地来向他讨教以茶养生的经验，我便按照采访的套路，在切入正题之前先拉家常。看到老人坐着轮椅，想到他曾经历的种种，我于是问他："您是怎么熬过那段不堪回首的日子的？"话一出口，我就后悔了。很显然，这问题要将老人伤心的往事重提，非常唐突，确实缺乏采访技巧，但是老人家丝毫没有见怪。他笑了笑，用唐代卢仝的《七碗茶歌》回答我："一碗喉吻润，二碗破孤闷，三碗搜枯肠，唯有文字五千卷。四碗发轻汗，平生不平事，尽向毛孔散。"好一个"平生不平事，尽向毛孔散"！这位历尽贫苦和伤害的老人，虽然避开正面回答我的问题，但是回答的是那么巧妙、贴切啊！有了茶，老人家一生所受的万千屈辱和种种苦难都被消解无存。

"行家一开口，便知有没有。"听了老人家的回答，我知道自己遇上高人了，于是赶紧切入主题请教他："您平常喜欢喝什么茶呢？"他回答说："过去穷，遇到什么茶都觉得是好茶。"看来老人家喝茶一点都不挑剔，无论什么茶都喝。我紧接着又问："那么您平常习惯什么时候喝茶？"他说："早上起来先喝一壶热茶后做早课，做完早课再喝茶。白天喝茶没有规律，想喝就喝，有时是陪客人喝，有时是自己独自喝……"那天，我们聊了很多，老人家当时的音容笑貌，至今宛在眼前。郑苍松居士以茶养身，以禅养心，113岁无疾而终，安详离世。

（二）人瑞刘彩容

刘彩容是一位传奇的老太太，央视曾经直播过她116岁时不需要换扶仍能健步登长城的实况。2003年正月初六，我在佛山南海区一家普通的农舍中采访了这位人瑞老人。时年她 118 岁，仍然耳聪目明，生活还能自理。老人家里收拾得干干净净，待客礼仪周详，看得出经常有人来访。我们一进屋，她就招呼大家坐下喝茶。我称呼她"刘大姐"，她非常高兴。向她请教长寿经验时，老太太只说了两点：一是她闲不住，一般的家务活都是亲自动手；二是她爱喝茶。她指着桌子上一个搪瓷缸说："我每天早上起来，两杯热茶灌下去，肚肠洗干净，一天都舒服。"这句话把我说愣了，因为那时我和很多专家教授一样，到处宣传早晨不宜空腹喝茶，但是刘大姐每天早上一起床就喝茶，一喝就是两大杯，喝到 116 岁还能登长城，118 岁生活还能自理。实践是检验真理的唯一标准，可见我们长期以来宣传的"早晨不宜空腹喝茶"的理论，值得大家反思。

（三）茶学泰斗张天福

张天福先生是我的良师益友，我们是忘年之交。他 1910 年出生于上海名医之家，1932 年毕业于金陵大学农学院，2017 年 6 月 4 日逝世，享年 107 岁。张先生是我国茶学泰斗，90 多岁时还能出任全国乌龙茶评比大赛的主任评委。在他 100 岁时，我们一起喝茶，张老能够用茶叶感官审评法将两杯拼配了黄观音的茶从同时冲泡的八款铁观音中辨别出来。102 岁生日的时候，张老一口气就能把插在生日蛋糕上的蜡烛全部吹灭。103 岁的冬天，他冒着严寒去闽北茶区搞调研，回到福州发布调研报告时，他的声音非常洪亮，丹田气足。我向他请教长寿经验，他说："茶是我生命的支柱，我每天都离不开茶，早上起来的第一件事就是烧水泡茶。我每个月至少喝一斤茶，数十年如一日，从不间断。" 老人的另一个长寿经验就是以茶道养心。在他的家中挂着两幅卷轴。一幅是他90岁时亲笔写的"生命不止，探索不息"，提醒自己要不懈地奋斗，永思进取，保持生命活力和上进心。另一条是"智者乐，仁者寿"，告诫自己要永远保持良好的心态，既以茶养身，又以道养心。张老享年虚岁108岁，成为名副其实的"茶寿"茶人。

（四）少数民族长寿茶人

2010年8月，我到世界著名的长寿之乡新疆维吾尔自治区于田县采访，由时任常务副县长的王林先生和县委宣传部副部长艾力江·阿布都卡先生陪同翻译。我采访的第一位老人是时年110岁的斯帕尔·吐尔地。不久前他刚刚做过一个小手术，但是恢复得很快，见面时他谈笑风生，请我们吃他们自家做的果脯，喝自己酿的酸奶。第二位采访对象是老劳模买吐肉孜·买买提，他时年102岁，在给我介绍长寿经验时说："我有钱就吃肉，没钱就吃馕，但无论是吃

作者与时年102岁的长寿老人买吐肉孜·买买提（左一）

肉还是吃馕，三餐都离不开茶。"我采访的第三家是一对长寿夫妻，丈夫叫买托合提·呼达拜地，时年110岁。他的妻子苏皮尔汗是97岁。这个超茶寿的老大爷还带我去他家的棉田看他锄棉花。最后采访的是115岁的老大爷艾山·西日甫，他风趣幽默，平时跟90岁的儿子生活在一起。我问老人家："平常您最喜欢做什么？"他牵着儿子的手说："我最喜欢带他去赶巴扎。""巴扎"就是集市，赶巴扎就是赶集。维吾尔族的成年男子都爱留胡须，115岁的老寿星牵着90岁的儿子赶巴扎，两个人都是银须飘飘，成了车水马龙、人来人往、熙熙攘攘的巴扎上的一道亮丽的风景线。艾山·西日甫老大爷介绍的长寿经验也非常好。他说："我们维吾尔族人每天喝茶是必不可少的，可以三天不吃饭，不能一餐不喝茶。"

类似上述的例子不胜枚举：中国国际茶文化研究会创始会长王家杨先生103岁时还很健康；上海茶文化研究会顾问苏局仙先生110岁时还能写诗；著名茶人寿星袁敦梓、王惠琴夫妇双双104岁……无数长寿茶人的经验都告诉我们，真正会喝茶的人，一定是自由自在、随意随量、坚持不懈地把喝茶作为嗜好。

通过20多年的调研、学习、实践和思索我发现了一条规律，喝茶创造生命奇迹的寿星都是自觉或不自觉地以茶构建自己惬意的美好生活的人，都是不挑茶叶品种，不挑喝茶时间，随心随意随时随量喝茶的人，同时也是在不经意间做到了"以茶养身，以道养心，以艺娱人"的快乐之人。

茶韵花香两相宜

第四讲

创新茶道养生理论体系
——以茶养身，以道养心，以艺娱人

长期实践和广泛调研的结果告诉我，按照目前的方法喝茶养生，效果并不尽如人意。那么问题出在哪里？我们应当如何改进呢？这一讲中，我们就来探讨这两个问题。

一、目前茶道养生的误区

从理论上讲茶道养生是众多养生方法中较为有效、

日本高僧空海和尚拜见我国高僧惠果禅师

有趣、愉悦身心、简便易行的养生之道。但是，实践是检验真理的唯一标准。目前茶道养生的效果欠佳，究其原因，首先是因为当前茶道养生的理论体系不完善，培训方法存在一定的缺陷。

据我了解，茶道养生培训大致都是就茶论茶，主要讲茶叶中含有哪些营养成分，哪些功能成分，以及它们对人体的作用。茶叶是茶道养生的物质基础，从物质层面了解茶固然十分重要，如果不了解茶的理化属性就去讲茶道养生，如同"空中楼阁"，没有根基。但是人们能否健康长寿的因素是多方面的，茶道养生要想取得理想的效果，必须打破行业界限，以我国古人养生的大智慧和当代科学研究的最新成果为理论基础，建立起茶道养生的理论新体系。茶界研究茶道养生时切不可忽视国内外医学界、心理学界等各界的研究成果，更不可局限于就茶论茶，而应当把相关各界研究的最新成果与我国传统养生的大智慧"高枝嫁接"，让茶道养生尽快开出艳丽的花，结出香甜的果。

二、创新茶道养生理论体系的尝试

我从事茶道养生的理论研究、亲身实践和专题培训已经20多年，在这些年里，我是茶道养生的受益者，也是茶道养生卓越成效的见证者。从2015年开始，我总结了过去培训中的经验与不足，努力收集我国传统养生理论和当代国内外养生学的最新研究成果，广泛请教茶界、医学界、养生界、哲学界、宗教界的专家教授，综合相关学科的研究成果和养生经验，提出了"以茶养身，以道养心，以艺娱人"三位一体的茶道养生的理论新体系。

（一）以茶养身

茶是茶道养生的物质基础，这是毫无疑问的。但是茶是一个极宽泛的概念，很多涉茶学科都在研究茶。如《茶叶商品学》《茶叶感官审评》《茶叶营销学》《中国茶艺学》，等等。那么茶道养生对茶的研究与其他学科有什么不同呢？根据茶道养生的学科和受众的特点，我们讲茶时不宜讲得太枯燥、太深奥、太学术化，而应当紧扣"养生"这个主题，厚积薄发、深入浅出地着重讲好以下几个方面：

首先，要突破农耕文明对茶的认识和植物学对茶的定义，根据学员的兴趣爱好，生动活泼地从人文科学的角度讲茶，引导学员加深对茶的喜爱。"兴趣才是最好的老师。"只有引导大众爱茶才能吸引大众来学茶。另外，还要讲透修习茶道养生不是消费娱乐，而是对自己健康幸福的投资，是对亲人、对家庭的责任。使大家发自内心产生学习茶道养生的使命感，乐于为茶"衣带渐宽终不悔"。这是学好茶道养生的思想基础和动力源泉。

其次，我国是茶的故乡，名茶荟萃，品种繁多，各种茶类因为加工工艺不同所以茶性各不相同，养生功效自然也会千差万别。在茶叶是茶道养生的物质基础，从物质层面了解茶固然十分重要，如果不了解茶的理化属性就去讲茶道养生，如同"空中楼阁"，没有根基。

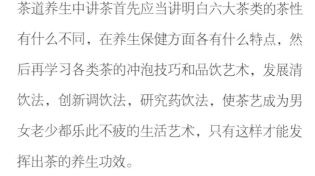

茶道养生中讲茶首先应当讲明白六大茶类的茶性有什么不同，在养生保健方面各有什么特点，然后再学习各类茶的冲泡技巧和品饮艺术，发展清饮法，创新调饮法，研究药饮法，使茶艺成为男女老少都乐此不疲的生活艺术，只有这样才能发挥出茶的养生功效。

（二）以道养心

根据我国传统文化对健康长寿的论述，以及国内外养生研究的最新成果，把"以道养心"作为茶道养生修习的重点，主要要抓好三个方面。

一是夯实"以道养心"的理论基础。 首先要讲的是我国古代先贤的大智慧，要真正学懂《黄帝内经》的三大养生原则即："天人合一，道法自然""形神合一，精神内守""法于阴阳，扶正祛邪"。其次，要理解并践行《黄帝内经·素问》中关于膳食平衡的四句真言："五谷为养、五果为助、五畜为益、五菜为充"及"谷肉果菜，食养尽之，无使过之，伤其正也。"阐述饮食要平衡而不过量的论述。其三是《论语·雍也篇》中记载的"知（智）者乐，仁者寿"。孔子这句话的大意是智慧的人一定会快乐，仁德的人一定会长寿。因为心理健康是身体健康的基础，所以传授时在"以道养心"方面要安排比较丰富的内容。

二是实行案例教学。俗话说"榜样的力量是无穷的"，我们十分重视案例教学，列举了古今的一些酷爱饮茶的寿星创造了生命奇迹的著名案例，力求让传统文化基础比较薄弱的人也能听得懂，甚至听得津津有味。例如，我们不是枯燥地讲中国茶道四谛、中国茶道的四大功能、中国茶道的人文追求，中国茶道与儒释道的关系，而是深入浅出地讲述赵州古佛从谂和尚、道教南宗五祖白玉蟾、当代高僧虚云和尚等人真实的故事……

三是注重汲取当代国内外养生研究的最新成果。例如世界卫生组织的《维多利亚宣言》，美国名医大卫·霍金斯博士的《能量级别论》等。茶道养生要坚持重在培育学员开悟、平和、喜悦、仁爱、明智、宽容、主动、淡定、勇气等有助于延年益寿的良好心态。在这方面，世界著名心理学家大卫·斯诺登教授对一座圣母修道院的 600 多位修女进行了长达 30 年的跟踪研究，结果有不寻常的发现，为此还拍摄了一部名为《修女的故事》的视频。教授对修女们分组研究，其中有 20 多位心态较好的修女，她们平均年龄 102 岁，但比七八十岁的人看起来还要健康，其中有的人年已过百还能健步如飞。斯诺登教授对调查资料

"要想健康长寿，养心比养身重要，帮助别人比接受别人的帮助重要，爱动脑子爱学习比不动脑子、不学习重要。"所有利于健康长寿的心理因素都源于积极乐观、心怀仁慈、包容大度的心态。

进行详细梳理后发现，这些健康长寿的修女并没有什么特殊的长寿基因，家境出身也并不富裕，但她们共同的特点是有虔诚的信仰，乐于相互关爱，有良好的人际关系，有积极的心态，对学习和文体活动感兴趣，对幸福的生活状态感到特别满足。于是斯诺登教授得出结论："要想健康长寿，养心比养身重要，帮助别人比接受别人的帮助重要，爱动脑子爱学习比不动脑子、不学习重要。"所有利于健康长寿的心理因素都源于积极乐观、心怀仁慈、包容大度的心态。斯诺登教授用生动、细腻、写实的短片《修女的故事》佐证了《维多利亚宣言》中的健康四大基石。

（三）以艺娱人

"以艺娱人"是茶道养生新理论体系的重要环节，是茶道养生学以致用的主要内容，同时也是茶道养生新理论体系的亮点。它的重要性表现在两个方面。

其一，茶不是药，短期内无法体现养生功效，不能把茶认作包治百病的灵丹妙药。以茶养生必须要与茶"穷通行止常相伴"，使茶成为自己生活的一部分，持之以恒才能见效。养生型茶艺不仅要便于操作，易于推广，而且一定要有趣、有效。"有趣"才能吸引人乐此不疲，"有效"才能鼓舞人坚持不懈。把学员引入茶道养生这个美丽温柔的"仙境"，让大家陶醉其中乐不思蜀，身心愉悦地达到健康长寿。

其二，"以艺娱人"必须明确什么是茶艺，先要准确地讲清茶艺的概念，我国茶艺中存在的问题和茶艺发展的正确方向。还要简明扼要地介绍茶艺"六要素"，学会以审美的眼光赏析茶艺中的"人之美""茶之美""水之美""器之美""境之美""艺之美"。

养生型茶艺还特别注重与插花、焚香、挂画、膳食养生、芳香疗法、器械疗法、物理疗法、音乐疗法等相结合，增强茶艺的娱乐性，能有效地激活人体的免疫系统，预防疾病或者降低疾病的伤害，从而促进健康长寿。

这套茶道养生理论新体系，对当前"以茶养生"中存在的主要问题直言不讳并提出新的观点。例如，明确倡导早茶要喝通、喝透，茶要与餐巧妙结合，天伦茶乐是茶道养生的"金钥匙"，喝茶不用挑时辰，等等。另外，还要明确指出一年四季不是要变换着喝不同的茶，而是要变换着花样喝各种自己爱喝的茶。为了愉悦身心可以通过清饮、调饮、药饮等方式喝各种茶。无论什么茶都能喝出春天

的浪漫、夏天的风采、秋天的高爽、冬天的风情。茶道养生理论新
体系重在教人"玩"茶，教人彻底抛弃功利之心，暂忘生活的烦恼，
倾心与茶对话，玩出天光云影，玩得怡情快意，玩到"从心所欲不
逾矩。"

茶山春晓

第五讲 大众深信不疑的谬误——早上不宜空腹喝茶

过去，众多专家、教授、学者都劝诫我们早上不要空腹喝茶，听得多了，自然也就深入人心。因此，改变这种观点很难，要纠正这个谬误必须逐个讲清以下四个问题。

一、早晨不要空腹喝茶的理论根据是什么

专家们认为早晨不宜空腹喝茶的理论根据主要有两个方面。

第一，从中医的角度来讲，李时珍曾在《本草纲目》中指出："茶苦而寒，是阴中之阴，沉也降也，最能降火。火为百病，火降则上清矣。"这是说茶对人体健康有利的一面。但是"若虚寒及血弱之人，饮之既久，则脾胃恶寒，元气暗损……"这是茶伤身的一面。李时珍认为茶性寒，身体虚寒之人若长期早晨起来空腹喝茶会伤脾胃、伤元气。

第二，从西医的角度来讲，一日三餐早餐最重要。早餐要吃好，午餐要吃饱，晚餐要吃巧。那么早上我们如果空腹喝茶稀释了胃酸，会影响早餐的消化。很明显，这对身体是不利的。正是根据这两个理由，所以许多专家教授都劝大家不要早上空腹喝茶，我曾经对这种说法也深信不疑，并且热衷于宣传这个观点。

二、关于空腹饮茶，我为何改变了自己之前的观点

我在写《茶道养生》这本书的过程中发现，调研的结果与专家们的理论大相径庭。我在写《茶道养生》时断断续续走了近20万公里，用了十多年的时间，采访了很多长寿的老人。我发现一个普遍的规律，很多爱茶的长寿老人"嗜茶成瘾"，都是早上一起来就空腹喝茶，结果喝出了健康，喝成了百岁寿星。例如郑苍松居士、刘彩容大姐、张天福教授等。

在早晨能否空腹喝茶这个问题上长寿老人的实践经验和专家的理论背道而驰，这引起了我的深思。从那以后我非常注重在采

访长寿老人时都会问他们早上起床是否空腹喝茶，结果得到的答案高度一致：爱茶的老人普遍有茶瘾，所以他们大都早晨一起床就要喝茶。

三、早晨空腹喝茶究竟有什么益处

通过大量调查，我发现除极个别身体抱恙、不宜空腹喝茶的人之外，绝大多数爱茶之人喝茶养生时都把早茶喝通、喝透，即喝到头上微微冒汗，全身毛孔扩张，达到利尿通便的效果，这样有很多好处。

第一，喝早茶如同给自身做了一次彻底的净化。人是生命体，我们的每个细胞都在新陈代谢，新陈代谢过程中产生的自由基等生理废物是衰老的元凶。白天，我们的毛孔是扩张的，运动、出汗比较多，排泄次数也较多，生理代谢产生的有毒有害物质基本上能及时被排出体外。夜间入睡后，人体的毛孔闭合了，但人体生命活动一秒钟都没有停止，晚间生理代谢时所产生的有毒有害物质无法及时排出体外。所以，早晨起床后把一杯温热的茶喝通、喝透，等于给自身做了一次净化，利于夜间生理代谢的有害物质及时排出体外。

第二，喝早茶如同给自己做了一个芳香熏疗。芳香疗法历史悠久，以前是用芳香油推拿，现在也可用香熏。我们喝茶时习惯"未尝甘露味，先闻圣妙香。"一闻茶香，身心愉悦，仿佛激发了生命活力，激活了免疫系统。另外，茶中的咖啡因、茶碱、可可碱都能令中枢神经兴奋，促使心脏收缩得更加有力，使我们的精神更加旺盛。

第三，茶与早餐搭配，有利于营养互补，促进营养平衡。大家都知道早餐的重要性，但却往往是早餐吃得最随意。南方地区常常以稀粥为主，北方地区多见面条、馒头、大饼等类食物，这些都是淀粉类食品，缺乏矿物质、维生素和优质蛋白。我们喝茶可以补充矿物质和维生素，如果喝的是奶茶，还能补充优质蛋白。日本曾提出一个口号"一杯牛奶强壮一个民族"，我们倡导一杯牛奶加一杯茶，不仅强壮一个民族，还可以智慧一个民族。因为如果青少年儿童早晨吃完有奶茶的早餐后去上学，不仅促进了早餐的营养平衡，而且茶能提神醒脑，使孩子们上课时思维敏捷，学习效率也能大幅提高。

第四，喝早茶能预防心脑血管疾病。目前，心脑血管疾病已成为我国成年人的头号杀手，早上空腹喝茶有利于预防心脑血管疾病。首先，因为在茶（特别是红茶）中含有丰富的茶黄素。茶黄素是心脑血管疾病的天然克星，美国医药领域已将其提取后作为药物使用。其次，喝早茶能给身体及时补水，降低血液的黏稠度。人体的水分会在夜间随着呼吸和毛孔挥发。所以早上起来测量的血液黏稠度较高。心脑血管最容易在晨起后发作。我们在起床后把早茶喝通、喝透，就是在给自己及时补水，及时降低血液黏稠度。

第五，喝早茶可以令身心愉悦。喝茶能刺激下丘脑分泌"多巴胺"。多巴胺也被称为"快乐荷尔蒙"，能够让人全身心愉悦，充满生命活力。

四、关于空腹饮茶，专家教授的观点错在哪里

讲到这里，善于思考的人可能会问："那么多专家关于早上空腹喝茶的观点为什么会错呢？"我认为错在了以下四个方面。

第一，首先错在没有跟随时代的发展而更新观念。李时珍确实是我国了不起的医学家。他在《本草纲目》中曾说茶性寒，会伤脾胃，伤元气。但是李时珍是明代的人，李时珍那个时代是以蒸青绿茶为主。中国的六大茶类是在明末清初才分化的。现在随着科技进步，制茶工艺改变了，全发酵的红茶、足火功的乌龙茶、益生菌发酵的黑茶等的茶性不仅不寒，还暖胃养胃。现代的绿茶，也已从蒸青绿茶为主发展为以炒青、烘青为主。很多绿茶在出厂之前都有一道高温提香工艺，即要经过高温烘焙提高香气之后再出厂。高温烘焙以后的茶寒凉之性大减，即使还存在少许寒性，我们也有办法按照现代的茶艺，通过调饮或药饮改变它的茶性，让它变得温和宜人。时代发展了，若跟不上时代的脚步，抱残守缺，拘泥于前人的理论就会走入误区。

第二，在引用李时珍的话时不够严谨。李时珍在讲饮茶既久会"脾胃恶寒，元气暗损"时是有前提条件的，他特别强调指"虚寒及血弱之人"。可见，李时珍也认为喝茶应因人而异。"虚寒血弱之人"属于少数群体，对于绝大多数身体正常的人而言，能否空腹喝茶关键要看喝茶之后的身体反应，亲身一试便知。若喝完茶后觉得自己神清气爽，精力充沛，则说明这种喝法对自身有益。若有不良反应或不适感，则应该尽快去正规医院查找原因，切不可忽视。

第三，有人认为如果早上空腹喝茶，会稀释胃酸而影响早餐的消化。其实，人的消化器官是一个系统，食物在人体内不同的营养成分是在不同的部位进行消化的。如淀粉类食物的消化主要是依靠口腔唾液中的淀粉酶，而不是靠胃酸来消化。那么我们早餐进食主食时只要细嚼慢咽，让唾液跟食物充分结合，唾液中的淀粉酶就能起到帮助消化的作用。

大家都承认实践是检验真理的唯一标准。请看，喝早茶地区的人身体都没有不良反应。例如，香港地区的人们晨起后习惯用"一盅两件"，"一盅"指的是泡一壶茶，"两件"即吃几样茶点。目前，我国香港是世界上居住长寿者最多的地方。此外，我还到过很多茶区、牧区考察，多数茶农和牧民也是早晨一起来就喝茶的，不但没有喝出问题，反而喝出了健康。现在我否定早晨不宜空腹喝茶的观点，是因为这种观点广泛传播之后误导了民众消费，导致许多爱茶的人早晨不敢喝茶，不利于茶道养生。

第六讲

美好的一天
——从一杯理想的早茶开始

通过上一讲，大家都理解了喝早茶有益于健康的原因。那么，早茶应该怎么喝呢？这个问题没有固定的答案。喝茶是一件随心所欲的事，可以花样百出，喝出时尚，喝出诗情画意；也可以遵循古法，喝出茶韵心香，喝到返璞归真。茶可以清饮、调饮，也可以药饮。没有固定的模式。在这一讲中，我给大家举一些例子，讲三条基本原则供大家参考。以茶构建美好的生活要善于举一反三，用心去创造自己喜爱的健康生活方式。

一、心态是根本

每个茶人都追求幸福，希望"日日是好日"。多数茶人都认同"美好的一天从一杯理想的早茶开始"。那么，如何才能冲泡出一杯理想的早茶呢？最根本的是要有好心态，要用爱心来泡茶。爱己、爱人、爱美、爱生活。英国女王伊丽莎白二世90多岁依然风韵卓绝，神采奕奕。她介绍长寿秘诀时说自己每天早上7点30准时起床，

侍者首先会端上一壶格雷伯爵茶，并要用高级瓷器盛装。"美好的一天从一杯理想的早茶开始。"这就是伊丽莎白二世长期饮茶的切身体会。我们在进行茶道养生和茶艺培训时特别要求大家认真践行。要想得到一杯理想的早茶要用爱心去获取，有了真挚的爱心，才能冲泡出温馨浪漫，销魂夺魄的好茶。在此，我为大家分享一首我作的小诗——

从现在起，做个爱茶的人

从现在起，

做一个爱茶的人，

每天醒来，

把水烧开。

听山泉在壶中吟唱，

激起心潮澎湃。

看茶芽在水中舒展，

倾吐出销魂夺魄的爱。

从现在起，

做一个幸福的人，

每天为她（他），

把水烧开。

把茶杯洗净烫热，

把音乐调到温柔缠绵，

泡一壶芬芳的茶，

看着她在茶香中欣喜地醒来。

从现在起，

做个痴情的人，

每天用心

把水烧开。

泡一壶古树老茶，

让茶香熏染温馨的家，

用老茶表达地久天长的爱........

二、意境是基础

"境"作为中国古典美学范畴，历来受到文学家和艺术家的高度重视。人们普遍认为"喝酒喝气氛，品茶品意境"。喝早茶是诗意的生活方式，所以极重意境。王国维在《人间词话》中提出"境界说"，他认为境界包括自然景物与人的思想感情以二者的高度融合。以茶构建健康、诗意、时尚的美好生活特别强调造境，要求做到环境美、意境美、人境美、心境美。四境俱美，才能达到中国茶艺至美天乐的境界。喝早茶时往往时间并不宽松，喝完之后还要投入一天的工作和学习中去，匆忙间很难做到四境俱美，于是我们把重点放在营造起来较为省时省事的"意境美"上。

在营造喝早茶的意境美方面最方便的是用音乐来营造意境，一方面是因为听音乐不耽搁做任何事情，另一方面是因为边听音乐边喝早茶能喝出诗情画意，有助于养生。近年来，音乐疗法正在受到越来越多人的重视和喜爱。能增强喝茶养生功效的音乐主要有以下四类。

其一，是我国古典名曲。我国古典名曲幽婉深邃，韵味悠长，有令人荡气回肠、销魂夺魄之美。这些名曲重情味、重自娱、重生命的享受，有助于为我们的心激活生命之源泉，能促进自然精神的再发现，有利于人文精神的再创造。但不同乐曲所反映的意境各不相同，喝早茶时的音乐应根据季节、天气、节庆、家庭纪念日，以及根据所冲泡的茶品来选择播放。只有音乐所表达的意境与人的心境相吻合，才能让音乐成为牵着茶人回归自然，追寻自我的温柔之手，才能让音乐牵着茶人的心与茶对话。

其二，是近代作曲家专门为品茶而谱写的音乐。如《闲情听茶》《香飘水云间》《桂花龙井》《清香满山月》《乌龙八仙》《听壶》等。听这些音乐可使人的心徜徉于茶的无垠世界，让心灵随着乐曲和茶香翱翔于茶室外更美、更辽阔、更有活力的大自然中去。

其三，是精心录制的大自然之声。如山泉飞瀑、小溪流水、雨打芭蕉、风吹竹林、秋虫鸣唱、百鸟啁啾、松涛海浪等都是极美的音乐，我们称之为"天籁"，也称之为"大自然的箫声"。这些音乐最能激发人们潜藏在心底的对生命的共鸣。

其四，是现代音乐疗法专家梳理出来的养生音乐。如《五行养生音乐》《养生益智音乐》《理疗养生音乐》《禅宗养生音乐》等。

喝早茶和音乐疗法相结合还能够提升我们的综合素质，培养我们的道德情操，使我们成为一个拥有良好修养的人。有一次，孔子的学生子路问他，如何才能成为一个完美的人？孔子回答道："兴于诗，立于礼，成于乐。"即音乐能够让人变得完美。荀子也曾说："乐者，德之华也"。即音乐是道德开出来的鲜花，可以使民心向善。我们学茶不仅仅要学泡茶的方法，还要学习用音乐来修身养性。

三、技巧很重要

这里所谓的"技巧"是指喝早茶要根据自己和亲人的身体情况、

口味爱好及节气来选择茶叶，然后决定是用清饮、调饮还是药饮。若有胃虚、胃寒、胃弱等症，就不适合喝绿茶，可以选取老少咸宜的红茶、黑茶、熟普洱茶或者足火功的乌龙茶。如果喝了以后你觉得神清气爽，身心舒畅，说明选对了适合自己的茶品，可以长期在此基础上变换着花样喝。如果喝完茶觉得头晕、心慌、反胃，或有醉茶现象，说明这款茶并不适合自己，必要时应及时咨询医师进行调理。

再如，有些人喜欢喝甜味，常与茶配伍的甜味剂有砂糖、冰糖、蜂蜜、果酱等。对健康人而言，蜂蜜是最适合的甜味剂。因为蜂蜜中含有60%的果糖，它的甜度高，是高效甜味剂。中医认为蜂蜜有补中、滋阴、润肺、美容养颜等功能。另外，蜂蜜来自不同的蜜源植物，例如槐花蜜、枇杷蜜、荔枝蜜、紫云英蜜、油菜花蜜等都是上等的蜂蜜，但其风味各异，可以根据不同的风味调出风格不同的早茶供大家选用。

若早晨时间相对宽松，喝早茶与芳香疗法及调息相结合，一边喝着茶，一边用小烘笼烘焙茶头茶梗，使屋子里充满茶香。大家围炉打坐调息。我国古代养生学认为，气是宇宙的本体，是物质、能量、信息三者的综合，呼吸是生命力的表现。调息就是按照一定的功法有意识地呼吸，是一种回归自身的奇妙方法，可以在静心调息中唤醒自身的本明。另外，可以感受到当下的生命存在，体会到生命的活力，使心中充满法喜和禅悦。这时再开始泡茶，那么茶味融进你心灵的芬芳，滋味会更美妙，养生的效果会更显著。

真懂喝茶的人一定懂得生活、热爱生活，能在闹市中远离喧嚣不染红尘，用一颗空灵虚静的心折射生活的七彩光芒。做一个与茶"穷通行止长相伴"的知己，成为一个幸福、快乐、身心健康的人。

第七讲

经不起实践检验的『真理』——不可以边吃饭边喝茶

　　这一讲中我们来讨论一个饱受争议的问题，也是大众普遍关注的问题：可以边吃饭边喝茶吗？许多人认为不能边吃饭边喝茶，甚至还告诫大家餐前餐后一个小时内都不能喝茶。那么究竟可不可以边吃饭边喝茶呢？我和一位医学专家王教授做过一次有趣的探讨。有一次，一家企业邀请我和王教授去为客户讲养生。

神游古今

讲完之后主人盛邀我们共进晚餐。席间，王教授就主动和我讨论这个话题。他说："林先生，您刚才讲茶道养生讲得很生动，但要说边吃饭边喝茶有益于健康，我尚存疑虑。因为我觉得茶叶中含有草酸，边吃饭边喝茶，草酸会与钙络合，影响钙的吸收，造成钙流失，长此以往会导致骨质疏松。" 我笑着问他："王教授，您觉得能不能边吃饭边吃菜呢？"此言一出满座的人目光投向了我们。王教授愣了一下后，斩钉截铁地回答："当然可以！"我说"所有绿色蔬菜都含有草酸，特别是菠菜、芹菜、苋菜、韭菜、西兰花、竹笋等，这些菜的草酸含量比茶叶高得多。我们今天喝的是绿茶，每一杯投茶量只有 3 克，而我们在饭菜中菜量远远大于茶叶量，从蔬菜摄入的草酸是一杯茶的几十倍甚至更高，为什么我们可以边吃饭边吃菜，却不可以边吃饭边喝茶呢？"

王教授被我问住了，想了一下说："过去我们没有深入考虑过这个问题。"我说："正因为大家没有深入考虑，所以之前关于不能边吃饭边喝茶的宣传是错误的。"他问："错在哪里了呢？"接下来，我向王教授解释了错误的原因。

第一，人们把简单的试管化学等同于复杂的生命化学。在试管中草酸与游离钙的反应是草酸与钙离子的络合反应，这是简单的配对反应，但人类是从大自然进化来的，人体的生命化学非常复杂，

是在多种酶的参与下进行的。如果把简单的试管结合反应视同于复杂的生命化学，这样难免会出错。

第二，人们忽视了摄入量。茶叶中确实含有草酸，但是它的含量很少，并且茶是依靠冲泡来喝的。一泡茶汤当中究竟有多少草酸能够跟钙结合呢？例如，常规一泡茶投茶量为3克，远没有日常进餐时蔬菜的摄入量多，忽视了量的不同难免会得出错误结论。

第三，云南农业大学茶学院原院长、博士生导师邵宛芳教授在《普洱茶保健功效科学读本》中公布了她带领研究生团队进行的动物实验的结果：

（一）饲喂普洱茶不影响试验大鼠从食物中所获取的钙离子含量。

（二）长期饲喂普洱茶不会降低大鼠血清中钙离子的含量。

（三）长期饲喂普洱茶不会降低大鼠钙离子的吸收率。

（四）长期饲喂普洱茶（生茶）或普洱茶（熟茶）大鼠股骨的骨密度都不受影响。

第四，这个观点错在经不起实践的检验。"实践是检验真理的唯一标准"。我研究茶道养生，写《茶道养生》这本书的时候，十几年间到过很多茶区、牧区采访，牧民基本上都是边吃饭边喝茶，他们一大壶茶煮在那里，全家男女老少围在一起边吃肉、边吃馕、边喝茶，大家的身体普遍都非常健康。丝绸之路沿线的少数民族群众也都是边吃饭边喝茶，很少有人罹患骨质疏松。正相反，我在采访中发现了许多边吃饭边喝茶的创造了生命奇迹的老人。可见，"不能边吃饭边喝茶"的说法既经不起理论上的推敲，又经不起实践的检验。

另外，人们在吃饭的时候都常需要有汤汤水水佐餐。如果不能边吃饭边喝茶，必然要喝其他饮料，特别是儿童会选择喝可乐、雪碧或其他碳酸饮料，这对健康也是非常不利的。可见反对边吃饭边喝茶既误导大众，容易造成错误的饮食习惯，又不利于茶叶流通。

第八讲 天作之合 茶餐结合

上一讲我们否定了不可以边吃饭边喝茶的说法，这一讲我们接着来探讨茶与餐结合的奇妙之处。"天作之合"原本是指上天安排的美满婚姻，我用它来形容茶与餐的关系，称之为"天作之合，茶餐结合"。

一、茶与餐巧妙结合的好处

我们主张茶与餐巧妙结合，"他山之石，可以攻玉。"世界最著名的三大美食王国是土耳其、法国和中国。土

武夷山庄

耳其餐饮的特点是烤肉与甜点、水果巧妙搭配；法国大餐的特点是用极美味的复合调味品精心烹饪的美食与美酒巧妙结合；中国餐饮以八大菜系"一菜一格，百菜百味"闻名于世，但中餐对餐与饮的搭配不够讲究。例如，法国宴席上在餐前常常要上一杯威士忌作为开胃酒，菜品为红肉时一般搭配红葡萄酒，为白肉（禽类、水产品）时一般搭配干白葡萄酒。用完第一道海鲜，侍者就会送上一杯爽口酒，激活味蕾之后再上下一道菜。如果菜品为黑菌（松露菌）、鱼子酱、鹅肝等法国最著名的美食，他们还会配备知名酒庄酿造的年份美酒。法国的宴席不仅使宾客大饱口福，又极具生活情趣和文化品位。

　　中国是茶的故乡，但却很少有餐饮业能够把茶与餐完美结合。即使高档的宴会，配备的待客茶也只是普通的茶，配套的茶具往往中规中矩，都是普通白瓷杯，让人觉得单调乏味，冲泡的方法也很不专业。为什么会出现这样的情况呢？因为目前我国的中餐厅往往忽视了在茶与餐的结合上下功夫，他们不懂得将茶与餐巧妙结合有三大好处。

　　第一，茶餐结合能消解餐前等待的无聊与无奈。

　　无论是聚会和宴请，有的客人无法准时到达。先到者在等待期间，如果能喝一道迎客茶，气氛就完全不同了。若能请一位优秀的茶艺师为大家边泡茶边讲解，就能把等待这样枯燥的事变为品茗赏艺的乐事。这种做法符合我国传统的待客礼仪"茶哥酒弟"，即客人到来先敬茶，开席之后再上酒。

第二，茶餐结合可以提升餐饮的文化品位，增加餐饮的趣味性。

在正式开席之前，大家落座后要根据天气情况、消费的习惯、爱好，先上一道开胃茶，让客人漱漱口润润喉，以茶激活味蕾准备就餐。上菜时根据菜品配茶是一门学问，很有讲究。例如，吃海鲜的时候搭配高山乌龙，因为它能起到去腥除腻的效果；吃红肉或重口味的荤菜时搭配肉桂、水仙、大红袍、铁罗汉、白鸡冠等武夷岩茶，能够起到爽口的作用；吃油腻的食物，最佳的选择是熟普洱茶或金花茯茶，可以帮助消化。用餐完毕，可以给客人冲泡一道美味的调饮红茶，用糖桂花、小金橘调制的祝福红茶为宴会画上圆满的句号。

第三，茶餐结合可改善菜肴的口感。

进餐时，舌面的味蕾很容易被麻木，吃了一两道菜后味蕾的敏感度就会下降。这时如果能品几口茶，既清爽利口，又能激活味蕾，能充分享受每一道菜的美味。

第四，茶餐结合有利于减肥及预防高血脂、高血糖、高血压。

要想健康长寿，体重适中，血脂、血糖、血压正常是基本条件。养成喝茶的良好习惯，以茶构建自己健康、诗意、时尚的美好生活可以有效地控制体重，预防"三高"。

二、茶与餐如何巧妙结合

茶与餐要怎样结合呢？大家要改变重餐轻茶的观念，不能认为茶只是三餐中微不足道的配角。其实，把茶与餐完美结合是一个人

爱茶的新一代

文化品位和综合素养的表现。二者结合巧妙不仅能让人吃得惬意、喝得开心，还能提供一种高雅、精致、时尚的生活样板供他人借鉴。茶与餐的巧妙结合主要从以下几个方面入手。

第一，重视餐前茶。

现代人较为看重的是宴会的环境和氛围，因此每次宴请客人时营造良好的就餐氛围显得很重要。聚会之前，安排好餐前茶，让先到的客人边品茶，边聊天。春夏秋冬，根据不同的季节，准备几款名茶请大家品尝，并请一位茶艺师给客人泡茶、调茶、讲茶，这样大家在就餐前会拥有愉快的心情。

第二，喝好佐餐茶。

借鉴法国宴会中不同菜品配伍不同酒类的经验，我们可以根据主宾爱好、菜肴风味、时令特点、节气风俗，以及自己的经验选配不同的茶。让茶提菜味，菜借茶香，二者相辅相成，相得益彰。让大家开心用餐。

第三，以茶入肴，创新茶宴。

以茶入肴是茶宴发展的一个趋势，在这方面我国已有先驱。例如上海天天旺茶宴馆（现更名为刘秋萍茶宴馆）是上海最早的茶宴馆，其环境高雅，菜肴色香味俱全并富有文化内涵，深受各界名流的欢迎。中国国际茶文化研究会在杭州湖畔居创办具有苏杭特色的茶宴，也很受欢迎。茶道养生还应当着重推广家庭茶餐，把茶肴引进千家万户，让普通民众也能享受健康、诗意的美好生活。例如，家常菜白灼基围虾经过茶餐结合，就变身为白灼桂花龙井虾。其做法也很简单：锅中水沸后先将桂花龙井茶投入水中，继续煮开几分钟就成了一锅龙井茶汤，这时再把清洗干净的鲜活基围虾倒入锅内，略煮至变色即可捞出。这样烹饪的基围虾腥气全无、香甜可口，闻起来还有桂花和龙井茶的清香。再如，传统东坡肉的做法中有一句口诀"多放料，少放水，文火慢慢煨，火候到了味自美。"经过茶餐结合改进后的做法是"巧放料，不放水，焯后炒香文火煨，火候到了味自美。"大家可能觉得疑惑，不加水怎样炖呢？其实是把切好的五花肉在沸水锅里先焯两道，第一道是焯去腥气和浮沫，第二道是脱油祛脂。焯完后起油锅，放入辅料炒香，再把五花肉放进去炒一会儿，然后注入预先泡好的芳香馥

把茶与餐完美结合是一个人文化品位和综合素养的表现。二者结合巧妙不仅能让人吃得惬意、喝得开心，还能提供一种高雅、精致、时尚的生活样板供他人借鉴。

郁的大红袍茶汤，用大红袍茶汤代水，煨出来的红袍东坡肉茶香诱人，肥而不腻，入口即化。

当然还有许多传统的茶肴，例如龙井虾仁、金骏眉鸡丁、滇红蒸鲈鱼、凤凰单丛熏鹅、东方美人羹、龙井温泉蛋、玉露长寿面，等等。我们把茶与菜肴、面点、主食相结合。焖米饭以红茶汤替代水，再加一点糯米，滴几滴香油，焖出来的米饭色艳、香高、味美。只要我们放开思路，善于创新，美好的生活可以任由大家创造。

第九讲

不是问题的问题
——什么时间喝茶好？

这一讲我们来探讨一个"不是问题的问题"：究竟在什么时间喝茶好？为什么说这是一个不是问题的问题呢？其实喝茶是自由自在、随意随量的事，什么时候想喝茶就随心所欲地喝。但是目前有一种说法把这件简单的事情搞得很复杂，误认为在某一个时间段喝茶最好。这种观点正确吗？有益于养生吗？下面，我们从以下三个方面来探讨。

一、从人体生理需要的角度讲喝茶

从人体生理需要的角度来看，在这五种情况下喝茶最好：第一种是高温条件下，人体出汗多，蒸发的水分多，需要及时补水；第二种是运动之后，人的心跳加速，血液循环加快，运动完休息时从容不迫地品茶或喝一些淡盐水都是对体液的最好补充；第三种是晨起后，夜间人体水分蒸发会导致血液黏稠度增高，是突发心脑血管疾病的危险期，需要及时补水，这时候喝茶能降低血液黏稠度，另外茶中的咖啡因、茶碱等可令中枢神经兴奋，使人快速清醒，增强生命活力；第四种是午睡醒来后及时喝茶补水，这也是养生之道；第五种是在进餐当中适量喝茶，通过咀嚼将食物与唾液均匀混合，边吃饭边品茶，悠然自得，既有利于健康，又富有生活情趣。

二、从中医的角度讲喝茶

从中医的角度讲喝茶的主要理论根据是《黄帝内经》。《黄帝内经》是古代三大奇书之一，与《易经》《道德经》并称为中国传统文化的三大经典。它不仅是一部"医药圣经"，而且是一本"医世、医人、医社会"的奇书。《黄帝内经》中并没有提及饮茶的最佳时间，但明确阐述了什么时辰喝水比较好，可供大家借鉴。

要读懂《黄帝内经》应当把握"一个中心，三个要义"。一个中心即"天人合一"，三个要义即"善言天者，必有验于人；善言古者，必有合于今；善言人者，必有厌于己。"（出自《黄帝内经·素问·举痛论》）"天人合一"中的"天"是指外部物质环境和自然规律；"人"是指能适应自然环境，能顺应自然规律的主体；"合"是指矛盾的对立统一；"一"是达到的结果，即回归本真，做个"天真"的人。根据"天人合一"的理论只要顺应气候、时辰变化、生理需要，在十二时辰的任何一个时点都可以自由自在地喝茶。喝茶补水贯穿于生命活动的整个过程，而不是只强调在某一时辰喝茶。另外，《黄帝内经》中也特别强调了不同时辰喝水有不同的作用，其中最需要补水的时辰至少有六个。因为喝水与喝茶的主要功能相似，所以在此我借水论茶。

其一，辰时茶要"喝通喝透"。辰时指早上 7 时 ~ 9 时，中医认为辰时胃经当值，这时人体经过一整夜的水分消耗，血液黏稠，需补水喝茶。我在写《茶道养生》时调研了一些嗜茶的百岁寿星，他们介绍的养生经验都包括早上一起床就喝茶，喝到头上微微出汗，全身毛孔舒张，达到利尿通便的效果。我认为喝辰时茶要喝通、喝透，有利于排毒，提神醒脑，激发生命活力，增强免疫功能，降低血液黏稠度，补充矿物质、维生素并刺激多巴胺分泌的作用。

其二，午时茶应"喝巧喝好"。午时是指 11 时 ~13 时，中医认为午时心经当值。按照中医理论"心主血脉""心恶热"，安心神、降心火，宜补水。另外，此时正是进午餐的时间，喝午时茶可降心火，通血脉并促进食物消化吸收。

其三，未时茶可补水降火。未时指 13 时 ~ 15 时，中医认为此时小肠经当值。在夏季、春末或初秋时节，未时气温很高，人体需要补充较多的水分，此时喝茶不仅能降火，还能提神醒脑，提高下午的学习和工作效率。

其四，申时茶能泻火排毒。申时指 15 时 ~17 时，中医认为此时膀胱经当值，应当多喝茶饮水以达到利尿的功效。申时是工作、运动的黄金时段，要多运动，让身体微微出汗即"动汗为贵"，有助于体内津液循环。

其五，戌时茶能释压养心。戌时指19时～21时，中医认为此时心包经当值。心包经是快乐健康之源，在这个时间段喝茶最能放松心情，释放压力，居闲趣寂，放牧天性。大家也可以把喝戌时茶发展成为"戌时小聚"，共享"天伦之乐茶"。此时家人、友人聚在一起细细品味珍藏的好茶，其乐融融，深情切切，使家庭更加温馨，

勐海县旅韵康养圣地勐巴拉

的

使生活更加幸福。人际关系是健康的金钥匙，倡导"天伦之乐茶"也是健康长寿的"天使之约"。

其六，亥时茶能疏通百脉。亥时指 21 时 ~23 时，中医认为此时三焦经当值。三焦是六腑中最大一腑，可"通行元气、管理水道、行气运水"，有喝茶习惯的人临睡前喝一些茶有利于排毒养颜，有助于提高睡眠质量。

三、从现代茶艺学的角度看

从现代茶艺学的角度看，以茶养生重在把茶融入自己的日常生活，要持之以恒地养成饮茶的习惯。重视整体性、系统性、自然性，而不能纠结局限于某一时辰喝茶，更不可片面夸大某一时辰喝茶的功效。另外，茶道养生贵在以茶构建健康、诗意、时尚的美好生活，要把主要精力用于既研习茶艺的传承与创新，又践行中国茶道的精神，努力做到"心术并重，道艺双修，以道驭艺，以艺示道。""心"主理，理的最高境界是"道"。"术"主技，技升华了即为"艺"。茶道是茶文化的灵魂，用茶道的精神驾驭茶艺被称为"以道驭艺"。茶道无

茶道养生贵在以茶构建健康、诗意、时尚的美好生活，要把主要精力用于既研习茶艺的传承与创新，又践行中国茶道的精神，努力做到"心术并重，道艺双修，以道驭艺，以艺示道。"

六如茶天使融入大自然

形无影需要通过茶艺来展示，所以要"以艺示道"。在修习茶道养生的过程中要"道艺双修，体用结合"。这样既能做到善于以茶养身，以艺娱人，让自己的品茗艺术灵活多样、妙趣横生，使生活充满快乐，又能做到以道养心，用茶道精神澡雪心灵，涤除各种不健康的心态，让自己做一个"日日是好日"的茶人，每天开开心心，享受美好生活。

第十讲 有茶处处是天堂，喝茶时时皆良辰

茶人是心灵自由的人，是用平常心拥抱世界的人。茶人喝茶必然日日是好日，时时是良辰，一年四季都能喝出诗情画意，喝出茶香禅韵，喝出身心愉悦。下面，我们来看看古今中外的茶人是如何喝茶的。

一、我国古代茶人品茶

裴度是唐朝中兴时期青史留名的五朝元老，他先后被唐德宗，唐宪宗，唐穆宗、唐敬宗、唐文宗五位皇帝封侯拜相。到了晚年，裴度厌倦了官场的党争派斗，隐居于闹市，过着与世无争的生活，74岁那年安详离世。他曾写过《凉风亭睡觉》一诗，就是自己晚年生活的写照。诗曰"饱食缓行新睡觉，一瓯新茗侍儿煎，脱巾斜倚绳床坐，风送水声来耳边。""饱食缓行新睡觉"这句平淡的话把达官显贵锦衣玉食、养尊处优的生活刻画得活灵活现。裴度饱餐后散步呼应了"饭后百步走，能活九十九"的养生民谣。"一瓯新茗侍儿煎"是裴度在

展示他惬意的生活。午睡一醒来，侍儿马上就为他奉上刚刚煎好的新茶。午睡醒来马上喝茶提神、补水，可见他深通茶道养生的奥义。喝完茶之后，裴度在自己世外桃源般的花园中"脱巾斜倚绳床坐"，全身心放松，悠然自得地靠在绳床上，听着"风送水声来耳边"。他在听风声浅唱低吟，听流水鸣奏天籁，听心灵与天籁的共鸣。一个既志满意得又超然出尘的高官宛若就在我们的眼前。

唐代灵一和尚也曾写过一首传诵千古的名诗《与元居士青山潭饮茶》，这首诗超然出尘，清丽脱俗。写的是灵一和尚与元居士在深山老林中喝茶至晚，暮不思归的情景。"野泉烟火白云间，坐饮香茶爱此山，岩下维舟不忍去，清溪流水暮潺潺"。开篇七个字"野泉烟火白云间"，就给我们展现了一幅有声有色生机勃勃的美景。流水潺潺，飞珠溅玉，欢乐地奔流而去，白云和煮茶的烟火交相辉映，多么优美幽静且生机盎然的品茗环境啊！在这样的自然环境中"坐饮香茶爱此山"，可与李白的"相看两不厌，独有敬亭山"相媲美，越看越令人陶醉。在大自然中品茶，好像回归了母亲的怀抱，能够感受到生命的律动，乐而忘返。灵一和尚接着写道"岩下维舟不忍去"，这句诗把小舟拟人化了，明明是他自己舍不得回去，却偏偏说是系在溪流中的小船不忍心舍弃绿水青山、茶香竹韵载他归去。可见诗人品茶达到了物我两忘的境界。此时，黄昏到来了，暮霭沉沉山朦胧，百鸟归林声渐寂。灵一和尚用"清溪流水暮潺潺"结尾，胜过千言万语。大自然与诗人心灵相通，大自然用暮色沉沉、水声潺潺，道尽了灵一和尚和元居士流连忘返的心情。

下面，再来说说乾隆皇帝与茶的趣事。乾隆当政 60 年，日理万机，呕心沥血，他嗜茶爱茶，善于养生，享年 89 岁，是我国历代最长寿的帝王。乾隆嗜茶，表现在他把茶融入了自己的生活，一日不可或缺；乾隆懂茶，表现在他善于玩茶，忙里偷闲以茶养生。乾隆传世的茶诗有 200 多首。他喜欢清晨从荷花、荷叶上采集露水煮茶，常以此为题材写诗。其中较为著名的是《荷露煮茗》："平湖几里风香荷，荷花叶上露珠多。瓶罍收取供煮茗，山庄韵事真无过。"其中"山庄韵事更无过"一句，反映出了乾隆皇帝是善于借茶营造儒雅生活的高人。在乾隆皇帝留下的 200 多首茶诗中，我最喜欢《三清茶》这首。乾隆皇帝在位时，官场的腐败问题已经十分严重，他别出心裁创编了一套用于反腐倡廉的茶艺，名为"三清茶"。他用梅花干、佛手柑片、松子仁来泡茶，以此举办茶会，召集来了许多王公大臣。被召参会的王公大臣们心里都得意扬扬，说明皇帝器重自己。在品过头道茶后，有人为了讨好乾隆，对茶大加赞赏。乾隆很严肃地看着大臣们介绍说："此茶

活水还须活火烹，自临钓石取深清。大瓢贮月归春瓮，小构分江入夜瓶。雪乳已翻煎处脚，松风忽作泻时声。枯肠未易禁三碗，坐听荒城长短更。

名曰三清茶。寓意政治要清明，为官要清廉，做人要清白。"皇帝此言一出，来喝茶的官员听了直冒冷汗。因为他们做贼心虚，觉得皇帝知道自己不够清廉，所以借喝"三清茶"来暗示，说不定将来还要秋后算账。乾隆看着诚惶诚恐、忐忑不安的大臣们，觉得已初步收到了预期的效果，于是带头赋诗一首："梅花色不妖，佛手香且洁。松实味芳腴，三品殊清绝……"随后下令参加茶会的王公大臣人人都要赋诗、谈感想，以扩大反腐倡廉的宣传效应。后因茶会对官员的警示效果颇佳，所以乾隆当政 60 年，"三清茶"会共举办过 43 次。乾隆去世以后这个传统仍保留下来。以茶不仅可以养生，以茶还可以治国，这是乾隆喝茶的特别之处。

我们再来说说苏东坡品茶。如果说唐代陆羽是茶圣，那么宋代的苏东坡则当仁不让称为茶仙。苏东坡品茶品出的境界和他的诗词一样令人心向往之。在苏东坡的茶诗中，我最喜爱《汲江煎茶》。这首诗是他 65 岁时写的，那时他的原配夫人、继室和爱妾都已仙逝，苏东坡年老体衰、孤苦伶仃被流放海南。但在《汲江煎茶》中，我们完全看不出这是一位被流放到天涯海角、贫病交加的孤苦老人写的诗。诗曰"活水还须活火烹，自临钓石取深清。大瓢贮月归春瓮，小杓分江入夜瓶。雪乳已翻煎处脚，松风忽作泻时声。枯肠未易禁三碗，坐听荒城长短更。"写得太好了！第一句诗紧扣"煎茶"这个主题，开宗明义，破空而出"活水还须活火烹"。活火就是指烧得很旺，冒着熊熊火焰的火，活水就是指流动的水。在深夜的江边，苏东坡用活火煮活水"点茶"，有声、有色、有香，红红的火光映在清澈的江中，炉里松风作响，四周茗烟缭绕，茶香四溢，这真是仙境啊！"自临钓石取深清"，苏东坡亲自蹲在钓鱼石上，从清澈江流的深处汲水，活像一个仙翁。"大瓢贮月归春瓮"，舀水的时候，他把映在江水里的月亮都舀到水瓢中去了。"小勺分江入夜瓶"，是描述打水回来，用小勺把瓮中的江水分到煮水的瓶内。煎煮了一段时间之后，"雪乳已翻煎处脚，松风忽作泻时声。"这是对宋代常用的点茶法最生动的艺术描写。苏东坡是茶道高手，看着锅里雪乳翻滚，听着炉里的风声和煮茶的水声，他知道茶煮好了，于是迫不及待地开怀畅饮。但是苏东坡毕竟是被流放在海南的"罪臣"，经常食不果腹，喝了三碗茶后便觉得饥肠辘辘，饥饿难耐，于是情不自禁地感叹"枯肠未易禁三碗"，只好"坐听荒城长短更"。此时的苏东坡离家乡很远，离京城也很远。在异乡的月夜，不知他是"处江湖之远而忧其君"，还是"望冷月清寂而思故园"。他没有说明，只是静静地听着远处荒城在打更。荒城深夜的打更声对天涯游子而言，比月夜乌啼更令人伤感。宋代著名诗人杨万里曾评价这首诗"一篇之中句句皆奇，一句之中字字皆奇。"

古典茶诗词中类似的例子浩如烟海，不胜枚举。无论哪个朝代的著名茶人都没有刻意挑时辰喝茶，他们无论春夏秋冬、阴晴雨雪，随时随地都能营造出美妙的意境，陶醉于茶的色香味韵之中，并能品悟出茶的物外高意。

二、英国人喜欢在什么时间喝茶

我国古代的茶人喝茶不讲究时辰，那么爱茶的英国人如何喝茶呢？很多人一提到英国人喝茶就会联想到他们的下午茶，实际上英国人早已把茶融入了生活中的每时每刻。英国人习惯晨起就有起床茶，也称为醒目茶。一觉醒来，睁开眼睛，喝一杯浓浓的醒目茶让中枢神经兴奋，立刻感觉到生活真美好。醒目茶之后有早餐茶、早休茶；中午有午餐茶、午休茶；到了下午3时～5时，有正式的下午茶。英国有一句谚语："当下午时钟敲四下的时候，时间为茶而停止"。人们都暂时放下手头的事物，与茶、音乐、美食和亲朋好友相伴，一起享受下午茶美妙的时光。

英国下午茶是由第七世贝德福德公爵夫人安娜·玛丽亚·罗素始创。因为英国贵族的午餐往往非常简单，晚餐要到八九点以后才吃。在漫长的等待过程中，下午三点钟时，常常会感到饥肠辘辘，百无聊赖。有一次，安娜突发奇想，在下午三四点时请闺蜜来喝茶、聊天、吃点心，聊着聊着，她觉得下午漫长难熬的时光变得温馨浪漫。从此，她便常常在这个时间邀请朋友喝茶、聚会，这一创举得到了很多人的响应，不仅上流人士纷纷效仿，民间百姓也竞相模仿。到了维多利亚时期，这种形式的聚会被正式定名为"下午茶"，成了英国茶文化的代表，也成了贵妇们展示风采和绅士们表现风度的一种时尚。

英国的科学家顺势而为，把"下午茶"发展成为跨学科专家自由结合讨论的"集脑会商"茶会。剑桥大学顶尖学者弗雷德里克·桑格教授通过茶会座谈成功测定了胰岛素的分子结构，获得了1958年度的诺贝尔化学奖。后来，他又破译了DNA密码，做出了对生命科学具有划时代意义的贡献，并于1980年再次荣获诺贝尔化学奖。一生之中两次获得诺贝尔奖，这是何等殊荣啊！但桑格教授却谦虚地说："荣誉属于MRC（剑桥分子生物学实验室），也是剑桥大学

云南茶祖诸葛亮

的。感谢学校为我们创造了这么自由的学术研究环境，包括我们每天喝的下午茶。"剑桥大学校长亚历克·布罗厄斯先生曾这样诠释"剑桥精神"： "剑桥精神是活跃的文化融合高度的学术自由，而形成这一精神氛围的重要形式之一是'下午茶会'"。他还骄傲地说："瞧，喝下午茶，我们就喝出了 60 多位诺贝尔奖获得者。"另外，英国人还很重视晚餐以后的一道茶，称之为餐后茶。英国人往往在晚餐之后，全家人围坐在一起喝茶、聊天，使家庭更温馨，使生活更美好。

综上所述，中国是茶的故乡，是茶文化的发源地，在喝茶这方面，我们有着悠久的历史，有各种各样的喝茶方式。我国的茶文化传到国外后，不少国家都使其融入现代文明，演化为科学的、时尚的、大众乐于接受的生活方式且不断与时俱进。我们的饮茶方式也应当随着时代的发展不断创新，而不应故步自封，更不应作茧自缚。查阅品茗历史，无论是我国古代的茶人，还是现代发达国家的茶人，喝茶的方式都是根据自己的需要即兴而定的，想喝就喝，喝出健康，喝出好心情，这就是喝茶的好时辰，也是喝茶的好方法。

第十一讲

偷换了概念的结论——要随四季变换喝不同的茶

　　目前，流行着一种说法：应该根据四季变换喝不同的茶类。例如，春天是万物生发的季节，所以要喝花茶以助生发，等等。在《黄帝内经·素问》中有一段关于春季养生的文字："春三月，此谓发陈。天地俱生，万物以荣。夜卧早起，广步于庭，被发缓形，以使志生。生而勿杀，予而勿夺，赏而勿罚，此春气之应，养生之道也。"这段话的意思是：春天是推陈出新、万物生长、欣欣向荣的季节。应当早睡早起，起床后将头发披散开来，放松自己。在庭院中怡然自得地散步，用心灵去感应大自然的生机活力。春季尽量不要杀生，多放生。要多施舍，少索取，要多赏赐，少责罚。这就是顺应春天

武夷茶人

节气的养生之道。

《黄帝内经》中讲的"春三月"的特点并没有错，讲的"春三月"的宜忌也都没有错。但《黄帝内经》中并未限制春天只能喝花茶才能"助生发"。很多人根据《黄帝内经》中"春三月"的文字主观臆断出"春天应当顺应时令喝花茶，以助生发。"这种推论看似有理，其实是偷换概念的错误典型。

其实，在春天顺应时令喝茶并不一定要喝花茶，只要方法得当，无论喝什么茶都可以。例如，绿茶清香宜人，甘鲜醇爽，带着大自然中春的气息，不少茶人都喜欢在春天喝头春绿茶，抢新品春。又如，红茶芬芳甘醇，汤色艳丽，兼容性好，最宜与春天的花、草、果相结合，调制出异彩纷呈，美味可口的花草茶、花果茶，品味春天的美好。再如，乌龙茶香清甘活，霸气十足，最能提神醒脑，破除春困；白茶清凉解毒，"功同犀角"，春天喝了能预防流感；黄茶、黑茶，无论是调饮还是清饮也都各有情趣……由此可见，强调春天要顺时令喝花茶的观点是经不起理论推敲的。绝大多数花茶的茶坯都是烘青绿茶，也就是说花茶的茶性特点和烘青绿茶相同，强调春天只宜喝花茶不宜喝绿茶或其他茶类不仅是个错误，而且是个笑话。

明白了上述道理，就不难理解以下的观点也犯了同样的错误："夏三月，此谓蕃秀。天地气交，万物华实……此夏气之应，养长之道也。"天气炎热，所以要喝绿茶。"秋三月，此谓容平。天气以急，地气以明。早卧早起，与鸡俱兴……"秋高气爽，宜喝乌龙茶。"冬三月，此谓闭藏，水冰地坼……"冬季寒冷，宜喝红茶。这些理论听起来有根有据，头头是道，讲的时候都打着中国传统养生精华的旗帜，但得出的却是偷换概念的错误结论。这些观点并不利于茶道养生，所以我们不仅要从理论上进行批驳，更要引导大家从大数据上进一步认清它们的错误。

先来看看日本。2015 年日本人平均寿命 83.4 岁，连续 20 年位居世界人均寿命第一位，他们一年四季基本上都是喝绿茶。被称为"地球上最长寿的岛"的日本冲绳，岛上每 10 万人就有 34 个百岁老人，岛上的居民基本上也都是长年喝绿茶。再来看看英国。英国 2015 年人均寿命 80.2 岁，也属于长寿国家，英国人大多爱喝红茶。2015 年世界上人均寿命超过 80 岁的长寿国家和地区有 24 个，都没有一年四季要变换着喝不同茶的习惯。

我认识的几位长寿茶人也没有这种特殊的习惯。例如，新疆于田县作为世界著名的长寿之乡，那里的民众一年四季喝的都是黑茶类的茯砖茶。我的良师益友、茶寿老人张天福老先生，一年四季喝的基本都是乌龙茶。118 岁的人瑞刘彩容大姐长年爱喝绿茶，偶尔喝一喝乌龙茶。113 岁无疾而终的郑苍松老人更是"遇到什么茶就喝什么茶"……

既然长寿的国家和我国长寿的茶人都没有刻意随四季变化而喝不同的茶类，是不是说明茶道养生不用讲求要根据季节变换喝茶呢？答案是否定的，只是并不是机械地规定春夏秋冬喝什么茶，而是灵活地通过茶艺方法来顺时应变，喝出每一个季节的特点。日本女茶

勐海县旅游康养圣地勐巴拉

人黄安希也在《乐饮四季茶》一书中表明，她认为一年四季什么茶都可以喝，关键要看是怎样喝，我非常赞同作者的观点。一直以来，我都在强调养生要"与自然合体，与天地合德，与四时合拍。"喝茶要"顺时令，适寒暑"才能充分发挥茶的养生功效。我们要根据自己的兴趣爱好，在不同的季节分别用清饮、调饮、药饮等方法冲泡或调配出应时应景、美味可口的养生茶，这才是正确的方法。因为喝茶既是日常生活需要，又是一种品位高雅的享受。既可独品得神韵，又可呼朋唤友相约成趣。此外，喝茶还可以与民风民俗相结合，与二十四节气及我国传统节日相结合，对青少年进行传统文化的普及教育。总之，只要操作得法，无论春夏秋冬，用任何一款茶都能喝出无限乐趣，喝出茶的养生价值。

第十二讲

顺时应变巧喝茶

——六如茶文化研究院对喝茶的探索

挡不住的诱惑

　　茶是大众饮料，只要个人身体正常，喝完了没有不良反应，一年四季都可以随心所欲喝自己爱喝的茶。由于加工工艺不同，不同茶类的茶性确实有所不同，但茶性是可以通过调饮、药饮等冲泡方式改变的。调饮是茶人在喝茶过程中对茶艺的再创造，是用智慧开拓自己的诗意人生，也是一种养生的好方法，非常值得推广。六如茶文化研究院根据四季茶特点，创编了春夏秋冬四季茶艺解说词，在此和大家分享。

一、春有春的美好

春有春的美好！

一朵桃花，便打发了冬的严寒。

一叶嫩茶，就染绿了大地怀抱。

一滴春雨，竟然胜过一坛美酒，

轻松地把我醉倒。

一片蛙声，赛过了一场交响乐，

鸣奏出生命的骄傲。

春有春的美好！

扎一只风筝，把心情放飞上蓝天。

泡一杯新茶，悠闲地把寂寞拥抱。

奏一曲古琴，邀请蜜蜂蝴蝶伴舞。

养一盆牡丹，在梦中听她的欢笑。

春天真的很美好，

你若在，更妙！

品味历史

在春天喝茶主要有两种方式，一种是根据天气喝，春天乍暖还寒，我国南北气候差异很大，一定要因地而异，因人而异。南方气候阴湿，宜调配驱寒发表，温通经脉，助阳化气的茶；北方气候干燥，宜调配清热解毒，宜气补中，滋润脏腑的茶。另一种是根据节气喝，春天有清明和谷雨这两个重要的节气。清明是祭祖的日子，早在唐代，皇帝每年都要搞一个清明宴，快马加鞭从宜兴把贡茶（紫笋茶）赶运到长安，由皇帝亲自主持祭典。如今过清明节，我们也可以保持传统，"不羡唐皇清明宴，祭祖也奉紫笋茶"。紫笋茶产在浙江湖州顾渚山，是唐朝的贡茶，现在紫笋茶的产量非常大。无论你在哪个地区，清明时都可以买一些紫笋茶来祭奠自己故去的亲人。

谷雨是春季的最后一个节气。谷雨的民俗主要有走谷雨、吃香椿、饮茶、赏花等。在这一天，全家围坐一堂，吃香椿炒蛋，品谷雨新茶，给孩子们讲关于谷雨的民俗故事。谷雨时分正是牡丹盛开的时节，如果能买上一盆牡丹花，泡一壶大红袍来边品茗边赏花，那就更加美妙了。茶是"国饮"，大红袍是"国饮"的代表。牡丹花国色天香，有"国花"之誉。在送春时节，全家人团聚在一起"喜品国饮赏国花，此情此景乐无涯。"

二、夏有夏的浪漫

花，早已褪去万紫千红。

叶，正长成神秘的绿荫。

熏风，撩拨着生命的激情，

也撩拨着我的心。

把炉火烧旺，

静听泉水浅唱低吟。

泡一杯"月光美人"，

倚窗静品。

让心儿追随美丽的月色，

融入夏的浪漫，

感受夜的温馨！

夏季是最浪漫的季节，同时也是最适合品茶、纳凉的季节。夏天喝热茶能舒张毛孔，加速发汗，散发内热。喝冰茶可以快速降温，令人神清气爽。若调配一些蜂蜜雪梨茶、竹叶薄荷茶、甘草金银花茶等，有利于清热、利尿、解毒、消暑。

夏季也有两个重要的节气，即立夏和夏至。立夏的主要民俗有迎夏尝新、斗蛋吃蛋等。迎夏尝新可以选择几款新茶邀亲友一起品鉴。吃蛋则更简单，泡上一壶铁观音，煮上一锅大红袍茶叶蛋，边喝茶边吃蛋。喝铁观音代表平安吉祥，吃大红袍茶叶蛋代表事业圆圆满满，生活处处有芬芳。立夏还有煮"七家茶茶叶蛋"的民俗，

即把当天所冲泡过的各种茶的叶底都收集在一个干净的小锅中，将熟鸡蛋轻轻敲出均匀的裂纹后投入锅里，加入茴香、八角、桂皮、姜末、卤肉汁和适量的盐用文火慢慢煨，这样煮出来的"七家茶蛋"别具风味。

夏至是北半球白昼最长的一天，夏至时分荷花盛开，我们可以用冰水泡茶赏荷花。用冷的矿泉水泡铁观音，泡好后放置在冰箱冷藏保鲜层，存放六个小时以后再拿出来喝，非常鲜醇甘爽，毫无苦涩，正所谓"冷水泡茶慢慢浓"。另外，用冷矿泉水冲泡翠芽，甘醇冰爽，如饮甘露，若调入适量野蜂蜜则风味更佳。夏至品茗时在茶台上摆一盆荷花，透过茶杯观赏荷花，杯里杯外绿红交映，茶香荷香沁人心脾，这是何等浪漫的消夏之景！

日光萎凋

三、秋有秋的潇洒

秋有秋的潇洒——

任时光把绿叶染成红花，

任霜风把大地绘成国画。

秋有秋的魔力——

只要她微微一笑，

生活便甜如熟透的瓜。

我爱秋，

爱对着秋云秋月发呆。

我爱秋，

爱听秋风秋雨的情话。

我爱秋，

爱用桂花沏壶茶，

让秋愁秋怨在茶香花香中融化！

立秋是秋季中的第一个节气，民间叫作"咬秋"，也叫作"贴秋膘"。夏天天气闷热，常常导致人们吃不下饭，睡不好觉，自然会消瘦。立秋了，要恢复体重为冬季积蓄能量，大都需要进补，故有"贴秋膘"一说。立秋时节，我们可以用"竹炉松风伴古琴，活火煮泉泡佳茗"，或用荷叶煮茶，配着烧烤美食犒劳自己。民间习俗立秋要"咬秋"，其实就是指吃瓜。在吃完肉、喝完茶之后，大家围坐在一起吃瓜，别有一番情趣。

秋季另一个重要的节气是霜降。中国是一个重视养生的国家，民间强调霜降要进补，正所谓"霜降补透透，强身又益寿。"那么霜降时节该怎样进补呢，此时秋高气爽，金桂飘香，桂圆当季、莲子初熟，最适宜煮桂花、桂圆、红枣、莲子茶。桂花香气馥郁、提神顺气、开胃祛寒、美容养颜；桂圆、红枣补血养气、安心宁神、益智补脑；莲子富含类黄酮，益肾固精、养心补脾。这些食材与红茶或金花茯茶（过滤茶渣）一起煮成的养生茶可大补元气，滋养生息，提升阳气，最适宜在秋季常饮。

四、冬有冬的温馨

冬有冬的风情——

雪罩沃野，

银装素裹，

世界变得很干净。

陪梅花傲雪凌霜，

迎朝阳拥抱光明。

冬有冬的温馨——

生盆炭火，

煮壶奶茶，

用爱陶醉身心。

把馕烤得热香四溢，

就着奶茶品味生活的欢欣。

冬季阳气闭藏，阴气聚盛，天寒地冻，寒气逼人，人体新陈代谢速度缓慢。这个季节很容易上虚火，宜调配一些补阴助阳的养生茶，如枸杞桂圆茶、肉桂良姜茶、肉桂奶茶等。老百姓讲究补冬，日常进食的肉类较多，红茶、熟普洱茶、黑茶及各种乌龙茶都能起到帮助消化的作用。冬季如果选择绿茶则应以烘青绿茶、炒青绿茶为宜。

冬至是我国民间非常重要的一个节气，在不少地区至今还是一个隆重的传统节日，俗称"冬节"。我国有一些地区传统习俗有种说法，过了冬至，意味着年龄就增加了一岁，故也称冬至为"亚岁"。北方过冬至要吃饺子，南方则要在这一天吃糯米汤圆。在冬至这天，用桂花红茶煮汤圆，不失为冬日的一道暖心甜品。

现代人喝茶的方法多姿多彩，饮茶不再单纯是为了解渴。我国的传统节日如除夕、春节、元宵节、清明节、端午节、七夕节、中秋节、重阳节等，人们可以根据节日的文化内涵和民间习俗创编茶艺，既享受了生活的美好，又推广了传统民俗文化教育，使大家牢牢记住中华民族博大精深的传统文化。另外，也可以创编茶艺来庆祝元旦、国庆节、妇女节、劳动节、儿童节、教师节等节日，总之，时代发展了，我们应当把喝茶这样的生活平常事升华为生活艺术。我们应当想方设法不断创新茶艺，让大家能从一杯茶中品味出中华民族深厚的历史文化；从一杯茶中品味出中华民族多姿多彩的民俗风情；从一杯茶中品味出我国当代茶人海纳百川的包容之心和与时俱进的创新精神。

第十三讲 『高人』的误导——简单就是茶道

重在归真

在我国茶界，常常听到"大道至简""简单即茶道"这样的说法。甚至有人认为茶道很简单，就是"拿起、放下"这四个字。片面强调"简单即茶道"误导了很多人。为什么这种说法会这样流行，主要是因为它迎合了当代人因节奏快、时间紧，逐渐失去了阅读的习惯，并把人们不肯花时间、下功夫，系统学习茶文化和茶科学作为借口，从而助长了我国茶界日益浮躁的学风。因此，很有必要进行深入探讨。

"大道至简"吗？这句话出于老子之口。但原文是："万物之始，大道至简，衍化至繁。"这句话的完整意思是万事万物的起始原本是极其简单的，无非是"生"与"灭"，但其衍化发展的过程却是极其烦琐复杂的。我们读书当求甚解，应当全面准确地去理解先贤的话，而不应该掐头去尾、断章取义。只讲"大道至简"而不讲其前提条件是"万物之始"，也不讲最终的"衍化至繁"。阉割先贤的话，把它作为自己无知的遮羞布和不努力学习的借口，最终是自欺欺人、害人害己。

"简单就是茶道"吗？显然不是。开创中国茶道的唐代茶圣陆羽穷其毕生精力，用了数十年时间，反复调研、推敲、实践才写出了《茶经》。陆羽觉得喝茶简单吗？当然不是。他精心设计制造了一整套（24种）茶具，对择水、用火、炙针、候汤、环境都极其讲究，并且强调说："但城邑之中，王公之门，二十四器阙一，则茶废矣。"即城里有身份的人喝茶，缺一种茶具，少一道程序都不得称其为茶道。在茶圣陆羽的眼中，不仅喝茶的方法不简单，而且对喝茶之人的要求也不简单，要求是"精行俭德"之人。可见茶道从形式到内涵都不简单。

唐代人喝茶不简单，宋代人则更为复杂。宋徽宗赵佶本就是茶道高手，他虽贵为天子，但仍亲自为茶著书立说，把宋代制茶、鉴茶、喝茶的方法写成《大观茶论》。书中提出茶"可谓盛世之清尚"，他不仅描写了茶的产地、采择、蒸压、制造、鉴辩，而且把罗、碾、盏、筅、瓶、杓和水的用法及宋代的点茶法都写得清楚详尽。

元代承袭宋法，明代开创新宗。在明代，单就对水沸程度的判断就有"三大辨，十五小辨"。品茗有"十四宜""十一不用""七不近"等要求。清代六大茶类分化之后，喝茶的方法更是日新月异，花样翻新，异彩纷呈。当代茶文化复兴以来，我国茶人根据时代发展的需要"古法创新，新法承古"，努力开创精细高雅的"清饮"、温馨浪漫的"调饮"和益寿延年的"药饮"。三足鼎立、相辅相成、相得益彰的茶艺理论新体系，以及表演型茶艺、生活型茶艺、营销型茶艺、养生型茶艺四轮驱动的发展新格局，共同推广了以茶构建健康、诗意、时尚的美好新生活。客观地讲，中国的喝茶方式一定不会全都变得越来越简单，也不会全都变得越来越复杂，而是当简则简，当繁则繁，当俗则俗，当雅则雅。既不以雅压俗，也不以俗斥雅，而是让尚雅和尚俗的人都有更多自由选择的余地。让喜欢简单质朴的人和追求精神享受的人乐而不同，各得其乐。只有这样，茶艺才能百花齐放，人们的生活才能因茶而变得更加多姿多彩。

茶文化博大精深，包含了自然科学、社会科学、人文科学等多种学科。人们学习茶文化不仅仅是学习泡茶的技巧、奉茶的礼仪和品茗的艺术，更重要的是学习对美的观照，对传统文化的感悟，以及对生活的热爱，进而修习如何以茶构建健康、诗意、时尚的美好生活。只有这样才能认识到茶文化的精髓，才能得其真谛。

看古往今来，没有哪个人是凭着简单喝茶而悟道的。因为悟道是一种历尽坎坷、艰苦跋涉，登上绝顶之后"一览众山小"的豁然开朗；悟道是战胜了九九八十一难，修成正果之后得到的心灵自在；悟道是经历了"看山是山，看水是水"——"看山不是山，看水不是水"——"看山是山，看水是水"的返璞归真；悟道是在长期历练之后对本性的觉悟。彻悟茶道之人不是喝茶方法

悟——滴水明上善，片叶醒禅心

简单，而是内心清简。去掉攀比心和执着心，只用平常心喝茶，用随喜心处世，用慈悲心爱人时，那时，离悟道就不远了。喝茶究竟当繁还是当简，没有标准的答案。我也经常简简单单地喝茶，并且从茶中享受简单舒适和轻松自在。但是，如果不断变换着用多姿多彩的方法喝茶，我们对茶、对艺术、对人生的体验一定会更加丰富。

综上所述，一个人如果在习茶伊始就拿"简单就是茶道"来指导自己，那么他一定无法探得茶道的精髓，只能如"浮萍"一样漂在水面，永远不可能长成根深叶茂的"茶树"。相反，如果丢掉断章取义、自欺欺人的借口，扎扎实实地博览群书，多方交流、大胆创新、认真实践，就一定能从习茶中体验到怡目适口、怡心悦意、怡情悦性的无穷乐趣，眼前也一定会展现出无比广阔的新天地。

第十四讲

茶酒两生花，生活乐无涯

勐海县旅热康养圣地勐巴拉

　　在这一讲中，我们来探讨一个很有趣的问题——"茶酒两生花"。把茶与酒结合在一起品赏的历史很悠久，只是之前很少有人去系统研究和推广，现在我们把这种品赏方法称为"茶酒两生花"，主要从以下四个方面进行探讨。

一、茶与酒是对立的吗

　　茶与酒是对立的吗？当然不是！茶与酒是人类解读

世界，品味生活，享受文明的两大饮品。可以酒逢知己千杯少，也可以品茶品味品人生。这两者不仅不是对立的，在我们日常生活中还是相辅相成，相得益彰的。从社交方面来说，我国民间有一句老话叫作"茶哥酒弟"。客人到访之后，主人首先要奉茶，开席后才敬酒。由于奉茶在前敬酒在后，所以称之为"茶哥酒弟"。另外，在社交中，茶与酒的作用也是相互补充的。喝酒容易把话讲开，喝茶有利于把话讲透。酒过三巡时往往豪情万丈，最能口吐真言，利于把话讲开；喝茶的人头脑清醒，深思熟虑，把每个问题都考虑得很周到，利于把话讲透。

文人墨客有一句话："酒领诗队，茶醒诗魂。"诗仙李白可以金樽美酒斗十千，酒后挥毫诗百篇。茶痴卢仝可以开怀畅饮七碗茶，茶罢作歌传天涯。喝酒之后写的诗往往辞藻飞扬，激情澎湃；喝茶以后写的诗，往往是简约内敛，蕴含禅机，各有特色。从民俗方面来讲，民间流传着一句话"茶是月老，酒是红娘"，茶和酒都可以为美满婚姻牵线搭桥。从养生这方面来看，世界卫生组织给人类推荐的六大保健饮料中，茶排在第一位，接下来是红酒、酸奶、豆浆、蘑菇汤、肉骨汤。适度饮用茶与酒，对人体健康有保健作用。

二、宋代茶与酒相结合的玩法

"茶酒两生花"的结合法古已有之。中国的茶文化兴于唐，盛于宋，"茶酒两生花"的玩法在宋代达到了一个高峰。宋人怎么玩呢？苏东坡是一个经典，他不仅把茶酒两生花玩得出神入化，而且写了许多关于茶与酒的诗词，为我国的文化遗产宝库增添了许多瑰宝。其中有几首回文茶诗可谓是千古绝唱。回文诗对作者的写作要求极高，无论顺着读还是倒过来读都要符合格律。其中有一首回文诗曰："空花落尽酒倾缸，日上山融雪涨江。红焙浅瓯新火活，龙团小碾斗晴窗。"首句看似平平常常，"空花落尽酒倾缸"用白描写实的手法记述了当时的情景：花都落了，酒都喝光了，只剩下空酒坛横七竖八地倒在那里。看似一片狼藉，却见证了这场酒喝得酣畅淋漓，见证了苏东坡"酒逢知己千杯少"的豪放个性。第二句"日上山融雪涨江"描写了他喝完酒以后看到的外部世界：太阳出来了，山上的积雪融化了，融化后的雪水冲刷着山坡的泥土流向大江，山坡满目疮痍，江水浑浊不堪，世界一片萧条。接下来，苏东坡的笔锋一转，潇洒地抛出下一句"红焙

武夷山桐木关是世界红茶的发源地，那里生产的正山小种红茶，带着桂圆干的香味，非常适合调饮。武夷山还有一种糯米酒名为"武夷留香"，气味芬芳、甘甜可口。

浅瓯新火活",外部世界虽然浊水横流,万物萧条,但是室内的世界却红红火火,生机勃勃。作者用红彤彤的炭火把茶饼烘烤得芬芳四溢,用"活火"煮茶,用精细的兔毫盏品茗。仅仅七个字,就把宋代文人玩茶的情景描写得活灵活现。末尾的"龙团小碾斗晴窗",是作者喝茶时的感受。喝完酒时看到的是江山满目疮痍,喝茶后头脑清醒了,看室外艳阳高照,日朗风清,屋内朋友们在晴窗下碾着皇帝御赐的贡茶(龙团是宋代贡茶中的极品),玩着斗茶的游戏,心中无比快活。

我们把这首回文诗倒过来念还是相同的意境:"窗晴斗碾小团龙,活火新瓯浅焙红,江涨雪融山上日,缸倾酒尽落花空。"读起来同样朗朗上口、意境悠然,苏东坡和朋友们喝酒品茶的情景同样历历在目。

宋代擅长写茶诗茶词的文人很多,其中苏门四弟子之一黄庭坚既是书法家、文学家,又是所著茶词最多的诗人。他的《品令·茶词》曰:"凤舞团团饼。恨分破,教孤令。金渠体净,只轮慢碾,玉尘光莹。汤响松风,早减了二分酒病。味浓香永,醉乡路,成佳境。恰如灯下,故人万里,归来对影。口不能言,心下快活自省。"这首词妙在何处呢?第一句"凤舞团团饼"于平淡中见奇巧。宋代顶级的贡茶是龙团凤饼。龙团表面印着龙的图案,一般是皇帝御用。凤饼表面印着凤的图案,是皇帝用来赏赐给皇室成员和宠臣的珍品。黄庭坚能得到凤饼是无上荣光,他在词的首句将妙语破空而出,只用"凤舞团团饼"五个字就活灵活现地刻画出自己当时激动的心情,我们仿佛看到了黄庭坚在得意地欣赏着茶饼上的凤凰翩翩起舞的图案。接下来,他用"恨分破,教孤令"

六个字刻画出了自己对凤饼无比珍惜之情。为何"恨分破，教孤令"？因为凤饼是将几块茶饼用丝绳串在一起的。要喝茶的时候，须先把丝线剪断，取下一块茶饼，把它烘烤到质地酥脆、芬芳四溢之后再碾成茶粉。"金渠体净"是形容碾凤饼所用的器皿非常名贵，还要清洗得干干净净。"只轮慢碾"是描述碾茶时神情专注，表现了他对茶极为珍惜。"玉尘光莹"，是形容碾成的茶粉像玉石的粉末一样润泽光莹。再接下来，黄庭坚用明快的节奏写道"汤响松风，早减了，二分酒病。"可见黄庭坚是位茶道高手，光靠听煮茶时炉内的风声和水声就知道茶煮好了。"早减了，二分酒病。"可见黄庭坚是喝完酒后急不可耐地想喝茶，他嗜茶如命的形象跃然纸上。"味浓香永，醉乡路，成佳境。""味浓香永"引发了作者的感慨，"醉乡路"是形容他好像喝醉了酒后回到家乡，一路上被故园的美景深深陶醉。"恰如灯下，故人万里，归来对影"这一句写得最妙，描写的情景让人浮想联翩。诗人用"灯下"这两个字营造出了温馨、浪漫、朦胧、神秘的意境。他像一个万里归来的游子对着灯下心爱的人执手相看泪眼，"口不能言，心下快活自省"。

三、对"茶酒两生花"的探索

宋代的文人把"茶酒两生花"玩得风流倜傥而又思无邪，我们应该怎么玩呢？六如茶文化研究院早在 20 年前就开始探索"茶酒两生花"。很多年前，我在武夷山工作，武夷山桐木关是世界红茶的发源地，那里生产的正山小种红茶，带着桂圆干的香味，非常适合调饮。武夷山还有一种糯米酒名为"武夷留香"，气味芬芳、甘甜可口。我把武夷留香和正山小种进行勾兑。调饮和品饮的过程中播放着刘德华的《忘情水》，很多茶友喝了都感觉是"留一半清醒留一半醉"，都渴望"给我一杯忘情水，换我一生不伤悲。"这个茶艺推出后非常受欢迎。后来，我在此基础上总结经验，用高度数的浓香型白酒调配秋观音。爱茶的朋友都知道，喝铁观音茶讲究"春水秋香"。即春天生产的铁观音茶汤柔和饱满，滋味较好，秋天生产的铁观音香气高锐持久。我用秋观音来勾兑高浓度的白酒，每500毫升白酒投入15～20克的铁观音，再根据自己的口感加入适量冰糖，摇匀后密封起来，过15天即成。此酒名曰"观音醇"。一拧开瓶盖，茶香和酒香融合形成的极具魅力的浓香弥散开来，销魂夺魄，饮时酒劲与茶韵刚柔相济，醇香诱人。

"茶酒两生花"也适用于国际间的交流。有一次，我与法国朋友沟通交流东西方文化，主题名为"红与黑的对话"。"红"是以法国红酒为代表的西方文化；"黑"是以茶为代表的东方文化。这次交流不是东西方文化的比拼，而是探讨东西方文化的交融，具体是研究茶与酒能不能很好地融合。我推出来一个茶艺叫作《迟来的爱》，用法国干邑白兰地冲泡武夷山肉桂。肉桂是武夷山名茶，在全国茶叶评比中曾多次摘得乌龙茶类桂冠。武夷山茶界流传着这样一句话："香不过肉桂，柔不过水仙，贵不过大红袍。"武夷山肉桂香气浓烈持久，口感强劲，非常适合与烈酒勾兑。我先用沸水冲泡肉桂，把泡好的头两道茶储存在公道杯中备用。这时壶是热的，茶已经润开，再用43度的干邑白兰地冲泡，盖上杯盖闷茶四分钟。茶叶中含有多种芳香物质，大多数能溶于水，但是有一些芳香族物质不溶于水，而溶于酒精等有机溶剂。用干邑白兰地闷茶后，一揭开杯盖，茶香酒香融合在一起扑鼻而来，大家都被这种艳香深深陶醉了。这时候我把泡好的茶酒和之前储存在公道杯中的肉桂茶汤勾兑，大家喝完赞不绝口。

喝完勾兑的茶酒，客人们都以为这个茶艺结束了。我告诉大家我们的茶艺才刚刚开始。武夷山有一种说法"头道汤，二道茶，三道四道是精华，五道六道更不差，七道八道香尤浓，九道不失茶真味，这茶才是真好茶。"后来，越泡酒气越淡，越喝茶味越浓。喝到第九道时，外国朋友赞不绝口，他们都觉得没有想到中国的茶这么耐泡，更没有想到中国的茶艺令人如此震撼。茶越泡越好喝，茶艺的文化内涵越细品越感觉受益匪浅，回味无穷。这时，我告诉他们，这就是这套茶艺之所以命名为《迟来的爱》的原因。西方文化如烈酒，大家很容易感受到它的魅力。中国的传统文化像茶，韵味隽永绵长，只有慢慢地品悟，细细地体会，才能感受到我们中华民族文化的厚重与博大精深。外国朋友听了之后很受感动，很显然，"茶酒两生花"已经成为他们心中《迟来的爱》。

2004年，六如茶文化研究院从武夷山迁到西安，我们的"茶酒两生花"又玩出了新花样。我们用陕西特产西凤酒与陕西泾阳县的金花茯茶结合，玩了一出《西凤戏金花》。西凤酒是中国四大名酒之一，是陕西的特产。金花茯茶是通过益生菌冠突散囊菌发酵制成的黑茶，具有沁人心脾的菌花香，也是陕西省茶产业主打的历史名茶。我们的茶艺师用太极的手法来冲泡这一道《西凤戏金花》，整套茶艺如行云流水绵绵不绝，动作刚柔相济，很有观赏价值。西凤酒和金花茯茶调饮，香型互补，馥郁多变，令人愉悦。虽然看起来只是一个茶艺表演节目，但实际这套茶艺既宣传了陕西的酒，也宣传了陕西的茶，对促销陕西名产，促进陕西旅游业发展都有着积极的作用。

　　茶与酒调饮备受欢迎，顺着这个思路，如果把中国的茶与国际名酒，如伏特加、朗姆酒、威士忌、白兰地、清酒等调饮，市场前景一定更广阔。只要理解原理，举一反三，用心尝试，就可以开发出灿若繁星的配方，创造出许多既有趣味性，又有知识性，并且适合国际交流的玩法，促进中华茶产业走向世界。

茶酒两生花

第十五讲

天伦之乐茶——健康长寿的金钥匙

作者拜访时年 115 岁的维吾尔族寿星（右三）

有研究证明，良好的人际关系有利于健康长寿。美国教授霍德华·弗里德曼用了 20 年时间研究"长寿工程"，最后得出的结论是"在长寿的众多因素中，排在第一位的是人际关系。"他们把处理好人际关系视为健康长寿的金钥匙，并且认为在人际关系中最重要的是亲情即天伦之乐。可以印证这个理论的实例有很多，例如格鲁吉亚有一位老太太活到了 132 岁零 91 天。在老太太 130 岁生日那天，很多国家的记者都来请老寿星介绍长寿经验。她指着院子里的子子孙孙幽默地说："没有什么经验，我的儿孙们都非常孝顺，我生活得很幸福，所以我舍不得死啊！"虽然是一句玩笑话，但天伦之乐，对于老年人安享晚年至关重要。

早在1993年，中国老龄委授予孔英女士"中国长寿皇后"的美誉。孔英1871年11月出生于广州，育有三男三女，这位老人122岁生日时向大家介绍了两条长寿经验："一是不挑食，什么都吃，特别爱吃猪肉，爱喝自家酿的米酒；二是家庭和睦，子孙孝顺，晚年四世同堂，所以长寿。"

再如，成都胜利镇云华社区有一位老寿星叫作朱郑氏。朱郑氏老太太生于清朝末年，朱氏家族人丁兴旺，六世同堂，大家相处得其乐融融。老太太118岁时介绍自己的长寿经验，最强调的是自己家庭和睦，生活幸福。由此可见，在我们研究茶道养生的时候，不应该忽略了亲情这个重要的因素。

现代养生保健最新理论研究得出结论："没有爱就会生病。"美国的赫金斯博士认为很多人生病是因为没有慈悲心，没有爱心，没有宽容与平和。只有痛苦和沮丧的人很容易得多种疾病。实际上我们的先贤早在两千多年前就明确提出了类似的观点。《论语》中曾记载"知者动，仁者静。知者乐，仁者寿。"知者即有智慧的人，他们思维敏捷如流水。"仁者"即满怀爱心，胸怀虚静空灵的人。智慧的人凡事都想得开，拿得起，放得下，生活乐趣自然就多。善良、有道德、有爱心的人，生活在充满友情的氛围中，每日如沐春风，自然比较容易长寿。《黄帝内经》第一篇就把养生的最高境界总结为"德全不危"，即道德完美的人不会有危险。唐代名扬千古的大医学家，相传活了131岁的"药王"孙思邈在《千金要方》中感慨地说："道德日全，不祈寿而寿延，不求福而福至，此养生之大经也。"我们学习茶道养生不仅要学习养生的技巧，更要把中华民族优秀的传统文化与国内外现代科学研究的成果相结合，构建完善的理论体系，用来指导茶道养生实践。

古今中外谈到养生时都会强调"爱"，那么茶道养生中应当如何体现"爱"呢，如何以"爱"培育友情和亲情呢，我认为中国茶道所讲的"爱"是大爱，孟子把这种爱归纳为"亲亲而仁民，仁民而爱物"。在这句话中第一个"亲"是亲热、亲近、关怀、体贴之意；第二个"亲"字是亲属、亲朋、亲友之意。我们在处理人际关系时，首先从"亲亲"开始，即先要善待身边的亲朋好友，继而推而广之，泛爱大众，"老吾老，以及人之老；幼吾幼，以及人之幼。""仁民而爱物"是进一步强调仅仅爱人还远远不够，还要更上一个层次，做到"天人合一"，热爱大自然的一花一草，一石一木。这样的人才是真善之人，才是能够长寿的人。

为了达到这一点，我们要建立一个祥和的能量场。《黄帝内经》中对这点也早有具体的论述："怒伤肝，喜伤心，悲伤肺，忧思伤脾，恐惧伤肾，百病皆生于气。"人们在日常生活中，有时会因为搞不好人际关系而生气，或在家庭中和自己的亲人怄气。正因为如此，钟南山院士提出："人不是老死的，也不是病死的，而是气死的。"若要避免生气，我们首先应当把家庭建成一个祥和的能量场。例如常和家庭成员一起品饮"天伦之乐茶"。那么，天伦之乐茶该怎么喝？下面，我们向大家介绍六如茶文化研究院常用的三种方法。

其一，在有特殊意义的日子订制一些纪念茶。例如给长辈做百年诞辰纪念茶或生日纪念茶；给自己和爱人订制结婚、银婚、金婚纪念茶；给儿女订制出生纪念茶或升学、就业纪念茶。每个纪念日拿出来品一品，能勾起美好的回忆，增进亲人之间的感情。

其二，学习或自创一些节庆茶艺或纪念日茶艺。例如，很多人喜欢研究星座，每个星座都有一个动人的传说，每个星座也都有自己的幸运数字、幸运花朵、幸运食品等，用这些元素就可以调配出浪漫可口，富有感情色彩的星座茶，我曾在《中国茶艺学》中编创了十二套星座茶艺，用来给亲友庆祝生日，常能收到意外的惊喜。

其三，学习一些便于操作，实用且有趣的茶艺。例如，道家留春茶、佛门禅茶、待客祝福茶、节气养生茶、祛病健身茶、美容养颜茶、延年益寿茶、休闲花果茶，等等。在节假日或紧张的工作和学习之余，偶尔露一手，可把枯燥无聊的生活过得如诗一般的惬意，也可增进家庭的幸福感。

总之，茶是友谊的纽带，是沟通心灵的桥梁。良好的人际关系可以用茶来培养，家庭的温馨生活可以用茶来滋润，幸福的能量场也可以用茶道来培育。

第十六讲 以茶养身的物质基础

　　如果离开了茶来谈茶道养生，那就是"空中楼阁"。所以，在这一讲中，我们来一起研究以茶养生的物质基础——茶。茶是天赐的灵物，1989年4月，我国营养学会原会长、微量元素专家于若木女士曾到陕西紫阳县考察陕西富硒茶，她举起一杯茶向在座的同人问道："大家看，这是什么？"大家都回答："这是茶。"于女士回答："对，这是茶。但这不是一杯普通的茶，准确地说，这是大自然赐给我们的复方保健饮料。在这一杯茶中，有600多种对人体健康有益的物质都融合在其中了。"迄今为止，检测仪器已经比当年先进得多，从茶水中能测出来的化学成分已远远不止600多种，我们不可能记

作者采摘母树大红袍

住茶中的每一种化学成分和它的功能，于是就需要将这些物质分类。我们把它们分成两类：一类是国际医学界和营养学界公认的"营养物质"；另一类是虽未被医学界认定，但却对人体健康有益的物质，被归纳为"功能物质"。

一、茶中的营养物质

营养物质通常包括蛋白质、糖类、脂肪、维生素、矿物质和水六类。茶文化强调"水为茶之母"，在学习时通常被单独深入研究，所以今天我们只讲另五类。

（一）蛋白质与氨基酸

蛋白质是生命的基础，它是大分子结构，人体不能将其直接吸收利用。蛋白质是由氨基酸构成的，蛋白质水解的最终产物氨基酸才能被人体吸收。过去我们常夸大对茶叶中蛋白质的宣传，例如一些卖茶的朋友经常向顾客介绍："茶叶中含有丰富的蛋白质与氨基酸。"真是这样吗？茶叶中的粗蛋白含量占干物质的 25% ~ 30%，但粗蛋白不溶于水，茶叶中能溶于水的氨基酸不到 2%。如果每天饮用 10 克茶，从中摄入的氨基酸不到 0.2 克，而成年人对蛋白质的需要量一天是 70～75 克。由此可见，人从茶中吸收的蛋白质和氨基酸对人体是微不足道的。那么我们介绍茶叶的养生功效时，应当如何来讲解蛋白质和氨基酸呢？我们重点要讲解的不是它们的量，而是它们的质。在茶叶中含有一种独特的氨基酸，名为茶氨酸。茶氨酸能够提升人体的免疫力，还能够帮助人体脂肪进行代谢，起到美容养颜的功效而且它的鲜爽度很高。茶氨酸含量高的茶，不但口感好，还具有抗肿瘤、抗辐射、抗疲劳、降血压、改善记忆力等作用。另外，茶氨酸还能促进人体下丘脑分泌"快乐荷尔蒙"多巴胺，令人感到愉悦，心情舒畅。

（二）糖类物质

糖类也称为碳水化合物。糖类是自然界中存量较为丰富的有机物，它包括单糖、双糖、多糖三大类：单糖是最基础的碳水化合物，易溶于水，可被人体直接吸收利用，其中比较常见的有葡萄糖、果糖、半乳糖等；双糖虽然也易溶于水，但需要分解成单糖后才能被人体吸收利用，比较常见的双糖有蔗糖、麦芽糖、乳糖等；多糖是由许多单糖分子结合而成的高分子化合物，它不溶于水，无甜味，主要包括淀粉、糊精、纤维素等。

在茶叶中含有一种独特的氨基酸，名为茶氨酸。茶氨酸能够提升人体的免疫力，还能够帮助人体脂肪进行代谢，起到美容养颜的功效而且它的鲜爽度很高。茶氨酸含量高的茶，不但口感好，还具有抗肿瘤、抗辐射、抗疲劳、降血压、改善记忆力等作用。

糖是人体热量的主要来源。茶中含有的糖类物质占干物质总量的 25% ~ 35%，看起来含量很高，但绝大部分是人体无法消化吸收的纤维素。茶是冲泡饮用的，人体从中能够吸收的可溶性糖微乎其微，它为人体提供的能量可以忽略不计，因此，茶是健康饮料，喝茶不会导致身体发胖。

（三）脂类

脂类也称为脂质，包括两小类：一类是中性脂肪，也称为甘油三酯；另一类称为类脂。类脂与脂肪的化学结构不同，但理化性质相似，从营养学的角度来看，比较重要的类脂有胆固醇、磷脂、糖脂、脂蛋白等。脂类是高能量物质，1 克脂肪在人体内能产生 38 千焦能量，比 1 克糖类产生的热量高得多，摄入过量就会造成肥胖。但是茶叶中脂类的含量很低，仅占干物质总量的 8%，并且脂类不溶于水，人们喝茶时摄入的脂类几乎为零，所以，大家完全可以放心喝茶，不用担心发胖。

（四）维生素

维生素在人类的天然食品中含量极少，但是却是维持人体生长、发育、代谢及保持身体健康必不可少的有机活性物质。人体的生命活动在不断进行着复杂而精细的生化反应，这些反应必须有各种酶和辅酶参与，否则就无法正常进行。许多维生素是酶或辅酶的组成成分，缺乏维生素会导致人体新陈代谢紊乱，进而引起多种疾病。据世界卫生组织统计，人体常见的疾病有 135 种，其中 106 种都与维生素缺乏有关。可见维生素对人体健康有至关重要的作用。

维生素是一个庞大的家族，目前已知的有几十种，分为脂溶性和水溶性两大类。脂溶性维生素中常见的有维生素 A、维生素 D、维生素 E、维生素 K、和 β 胡萝卜素等。水溶性维生素中常见的有维生素 C、维生素 B_1、维生素 B_2、维生素 B_3、维生素 B_6、维生素 B_{12} 及泛酸、叶酸等。

茶叶中维生素的含量仅占干物质的 0.5%～1%，虽然含量不高，但是种类较为齐全：β 胡萝卜素有防治夜盲症、干眼症、视神经萎缩的功能；维生素 B_1 有防治神经炎、脚气病的功能；维生素 B_2 有防治溢脂性皮炎、口腔炎的功能；维生素 B_6 有防治肌肉痉挛、过敏性湿疹的功能；维生素 B_{12} 和叶酸可辅助治疗恶性贫血；维生素 C 能防治坏血病（维生素 C 缺乏症）；烟酸有助于防止失眠……在贫困时期，边疆少数民族居民很难吃到新鲜蔬菜和水果，他们主要依靠茶叶来补充维生素。他们曾称赞道："黑茶是丝绸之路上的神秘之茶，也是我们的生命之茶。"明清时期的封建统治者都设立了茶马司，推行"茶马交易"，以茶促进边境安定。

（五）矿物质

矿物质又称为无机盐，分为常量元素和微量元素。常量元素是指其重量超过人体重量 0.01% 的元素，主要有钙、镁、钾、钠、磷、氯、硫等。这几种元素都是人体必需元素。微量元素是指在人体中含量小于体重 0.01% 的元素。微量元素一共有 14 种。其中人体易缺乏的有以下几种：

1. 锌，被称为"生命的火花"。人体酶的构成需要锌的参与，男性精子的活力也需要锌。缺锌会引起儿童厌食、味觉异常，影响发育。补锌的方法有很多，可以药补也可以食补，生蚝、牡蛎等都富含锌。补锌还可以喝富锌茶。品茶的同时，也补充了锌元素。

天人合一

2. 硒，被称为"月光元素""抗癌之王""长寿之星""心脏守护神""血管清道夫"，等等。硒的发现很有戏剧性，人们对硒的关注起初是由它的毒性引起的，后来深入研究后才发现，适量补硒对人体健康有许多保健功能。因为硒的矿脉分布并不均匀，通常是带状分布，点状露头，大多数地区的土壤都很少含有硒，因此，这些地区生产的农产品普遍缺硒。长期缺硒的人容易未老先衰，50多岁就会显得老态龙钟。严重缺硒，容易引发癌症、克山病、大骨节等疾病。我国有几个地区是富硒地带，如陕西省的紫阳县就盛产富硒茶，并且率先通过了国家级的认证。湖北省的恩施、安徽省的石台、贵州的凤冈、湖南省的沩山也都盛产富硒茶。喝富硒茶最大的好处就是令人显得容貌年轻，精力充沛。

3. 锰，也是人体较易缺乏的元素。很多人以前对锰元素并不重视，日本福岛核电站发生泄漏事故后，我国的茶学权威、湖南农大的领衔博士生导师刘仲华教授带着科研团队经过研究发现茶能够抗辐射，其中锰元素起到了重要的作用。这一点对现代人非常重要，因为辐射源在我们的生活环境中无处不在，辐射分为自然宇宙射线辐射、人为电磁辐射和核辐射等。自然辐射源主要有太阳黑子活动，大气的电离层被破坏后宇宙射线辐射加强，导致人类皮肤癌的发病率上升。人为电磁辐射包括各种家用电器、办公自动化设备、部分医疗设备和科研设备、高压输电线等，其中最常用的有电视、电脑、手机、微波炉等。所以，多喝富含锰元素的茶对接触放射源较多的人们大有益处。

另外，钙、铁、氯、氟、钾等元素也都很重要。钙是牙齿和骨骼的主要成分，人体需要量很大，中国营养学会的推荐量为成年人每天供给量 800 毫克，青少年、孕妇及哺乳期妇女应适当增加。但茶中钙的含量极少，需通过牛奶等乳制品和豆制品、海产品，以及绿色蔬菜来补充。铁是合成血红蛋白、肌红蛋白和某些酶的主要元素之一，若摄食不足会造成贫血和代谢失常。食物中的铁包括血红素铁和非血红素铁两大类，非血红素铁主要存在于植物性食物中，吸收率仅有 1%～5%。血红素铁存在于动物性食品中，如瘦肉、动物肝脏等。中国营养学会推荐的供给量为成年男子每天 12 毫克，成年女子 18 毫克，孕妇和乳母 28 毫克。摄入铁要通过荤素搭配来提供，动物内脏（特别是肝脏）、血液、肉类、鱼类都含有丰富的血红素铁，绿色蔬菜也是良好的补充。矿物质的摄取要均衡，不可缺乏也不能过量。例如，有一种独特的元素——氟，如果摄入过量容易造成氟斑牙、骨质疏松。一些牧区就出现了因为长期饮茶而造成氟过量问题，有关卫生部门和茶界正在联合研究对策，呼吁该地区的居民不要过量饮用质粗叶老的黑茶。

二、茶中的功能物质

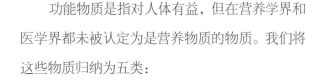
功能物质是指对人体有益，但在营养学界和医学界都未被认定为是营养物质的物质。我们将这些物质归纳为五类：

（一）茶多酚

茶多酚是茶叶中多酚类物质的总称。它是茶叶中主要的化学成分之一，其含量高，分布广，对茶叶品质的影响大，生理功能复杂，其中最重要的是儿茶素。茶多酚的含量一般占干物质的12% ~ 36%。它具有消炎、灭菌、抗辐射、抗衰老、清理肠道等功效，医学界幽默地把茶多酚称为"人体保鲜剂"。另外，茶多酚抗病毒、抗菌的能力在各类功能物质中名列首位。因其有多种显著的养生功效，现在已经有茶多酚含片面世，服用方便，深受消费者的欢迎。

（二）生物碱

茶叶中所含的生物碱主要是咖啡因、茶碱、可可碱，其中咖啡因含量最高，占干物质的2% ~ 5%。其次是可可碱，其含量约占干物质的0.05%。茶碱的含量只占干物质的0.002%左右，它们含量虽然不多，但却是茶叶中的标志性活性物质。其中咖啡因对人的中枢神经有兴奋作用，摄入适量的咖啡因能使人精神振奋，缓解疲劳，提高工作效率。咖啡因还有促进胃液分泌，帮助消化，促进人体代谢，强心解痉，消炎灭菌等作用，在医药行业可用作兴奋剂、强心剂、利尿剂等。咖啡因和茶多酚的协同作用有抗癌、防癌的效果。可可碱具有强心、利尿、舒张血管、松弛平滑肌等作用。茶碱的分子结构和生理活性作用都和咖啡因类似。

以上三种生物碱如果摄入过量会造成中毒症状：轻度中毒表现为恶心、呕吐、头疼、不安、失眠、易激动；中度中毒表现为心悸、心律失常、心前区不适、呼吸不规律；重度中毒表现为心动过速、精神失常，严重者可出现呼吸和心脏骤停。因此，我们必须严格注意预防摄入过量。

（三）茶色素

茶色素有很多种，一种是原料茶青中就有的，比如叶绿素、花青素等。另一种是茶叶在制作过程当中经过揉捻加工，茶叶的细胞壁破损，无色的茶多酚被空气中的氧气氧化成了茶黄素、茶红素和茶褐素。其中茶黄素已经过科学研究，被提取出来正式作为药品面市。它是心脑血管疾病的天然克星，对身体无副作用。随着我国经济的发展，饮食结构发生改变，肉食比例越占越大，我国的心脑血管疾病的发病率也上升成了头号杀手，所以，多喝红茶对身体健康很有好处，而且茶叶中的花青素也有抗衰老功能。

（四）芳香族物质

讲到芳香族的物质大家可能觉得很不起眼，它只占茶叶干物质总量的 0.005% ~ 0.03%，谁也不会把芳香族物质当作营养素，但是它的保健功效却非常好。"香"，上面一个禾苗的禾，下面一个日，太阳照在禾苗上，稻谷快成熟了，这令人心里不由自主地会想到大米饭的香味。过去古人经常吃不饱，他觉得这种气味太美妙了。人闻到香气的时候，身心就特别愉悦，免疫系统就得到增强。所以不要小看这小小的芳香族物质，它在茶道养生中起到很重要的作用。首先，早上我们喝早茶，泡上好茶，先闻圣妙香，再品甘露味。一闻茶香，生命活力被唤醒，免疫系统被激活，整个人身心愉悦，精力旺盛地投入新的一天，这是多么开心的事。

（五）其他类

主要包括茶多糖、有机酸、果胶等。其中保健功能最突出的是茶多糖，它有降血糖、抗血栓、增强免疫力、抗氧化、抗癌等功效。茶叶原料较粗老的茶含茶多糖比较多，养生效果较好，例如金花茯砖、寿眉、贡眉、老白茶等。我国和日本民间都有泡饮粗老茶叶防治糖尿病的案例，浙江大学屠幼英教授在大学教材《茶与健康》中介绍"据报道有效率可达 70%"。她同时还推介说，"日本学者提出的凉开水泡茶治疗糖尿病的方法已经得到世界卫生组织的承认。"我在实践中发现用凉开水冲泡较粗老的茶饮用，辅助治疗糖尿病的效果更好。

三、茶叶营养物资宣传上常见的错误

目前以茶养生的效果不尽如人意，问题出在哪里？我认为主要常犯以下三个错误。

1. 为了增加茶叶销量，片面夸大宣传茶中的营养素。例如，宣传"茶中含有丰富的蛋白质和氨基酸""绿茶没有经过发酵，保持的天然营养素最多，其中维生素 C 的含量是红茶、黑茶的两倍以上"等错误理论。这些话从表面上看没什么问题，但实际上是在有意或无意地误导消费者。防治心脑血管疾病的最佳茶类是红茶，因为红茶中含有的茶黄素是心脑血管疾病的天然克星。预防和辅助治疗"三高"的最佳茶类是老白茶、金花茯砖茶等。

2. 忽视了茶性的变化。明代末期，随着制茶工艺的发展，我国形成了六大基本茶类并存的茶叶市场新格局，不再以蒸青绿茶为主。不同茶类的茶性各具特点，高明的中医也已经不再笼统地说"茶性寒"了。茶性寒是我国明代医学家李时珍在《本草纲目》中提出来的。他认为"茶是阴中之阴"，喝多了会"伤脾胃，伤元气"。那是因为明代只有蒸青绿茶，但现代工艺下的全发酵红茶、足火功的乌龙茶、后发酵的黑茶等茶性都不寒。即使是绿茶，制作工艺也从蒸青绿茶发展为以炒青绿茶和烘青绿茶为主，并且现代茶厂生产的绿茶在下生产线之前一般都增加了一道高温提香工艺。时代发展变化了，我们一定要与时俱进，不可拘泥于古人"茶性寒"的观点。

3. 茶文化研究者和茶商普遍缺乏与茶相关的自然科学知识。学习茶的化学成分非常重要，因为只有了解清楚以茶养生的物质基础，我们才有可能在日常饮用中充分发挥茶的保健功效。在茶的营养价值方面，我国的许多专家教授都有精准的论述。如浙江大学的屠幼英教授主编的《茶与健康》，安徽农业大学宛晓春教授主编的《茶叶生物化学》，朱永新、王岳飞教授主编的《茶医学研究》等都是

经典之作。中国工程院院士、湖南农大领衔博士生导师刘仲华教授带领他的团队对我国的许多名茶专门做了研究测试，通过动物实验，作出了全面、准确、系统的认证，非常值得我们认真学习。很多茶文化研究者和茶业经营者大都缺乏生物化学、营养学、生理学、药理学的知识，一定要多看相关的专业书籍，努力弥补自身知识体系的短板。

第十七讲
茶类的十大保健功能

目前，茶学界主流根据茶叶加工工艺把商品茶分为六类：即不经发酵、直接杀青的绿茶，全发酵的红茶，半发酵的乌龙茶（青茶），轻微发酵加缺氧闷黄的黄茶，不杀青不揉捻萎凋后晾干或低温烘干的白茶，经过益生菌发酵的黑茶。这六大茶类因其各自的加工工艺不同，茶性各有特点，保健功效也各有侧重，但是它们作为茶类植物，都含有相似的化学物质，故而也都具有相似的保健功效。陈宗懋院士主编的《中国茶经》根据历代茶人的论述，将茶的养生功效归纳为23种，总结得非常详细、全面。下面，我着重介绍其中与大家日常生活息息相关的十大保健功效。

一、提神醒脑

大家都知道喝茶能提神醒脑，但这是为什么呢？从理论上来讲主要有三个原因。其一，茶中含有2%～5%的咖啡因、茶碱、可可碱，这些生物碱能让中枢神经兴奋，让心脏收缩增强，供血状况得到改善，从而令人消困解乏，觉得特别有精神；其二，茶中含有数百种芳香族物质，人们闻到香气时会觉得精神放松，心情愉悦，精神格外饱满。其三，喝茶能刺激下丘脑分泌多巴胺。它能传递兴奋、开心等信息令人快乐，激发唯美的想象。

二、保肝明目

肝脏是人体的主要解毒器官。人体各种毒素，绝大部分是通过肝脏分解后最终排出体外的。茶为什么能够保肝呢？茶中含有茶多酚，其中的儿茶素对肝脏具有保护功能。一些茶中富含硒元素，硒被称为"肝脏保护因子"，对于爱喝酒的人来讲，喝茶能够减少患脂肪肝的概率。茶多酚和茶色素对肝硬化、乙肝患者也有良好的辅助疗效。茶还能明目，因为茶中含有 β 胡萝卜素，β 胡萝卜素也叫作维生素 A 原，可以转化成维生素 A，从而对视力提升有很大的作用。

三、排毒养颜

传统医学中，所谓的"毒"有很多种，大致可归纳为三类。一类是内生之毒，指的是人体细胞因新陈代谢而产生的各种废物；另一类是外来之毒，是指由于水、空气、食物等的污染，以及病菌、病毒侵害等原因产生的有毒有害物质；还有一类非物质毒素被中医学称为"心毒"，即精神上受到的毒害。这些有毒有害的物质如不能及时涤除必然会影响人体健康。

中医对于排毒有不同的说法，基本可归纳为五种排毒系统。首先是消化系统，这是排毒量最大的系统，它通过胃肠道排出人体大量的生理垃圾，其中主要是食物残渣和细菌的混合物。多喝茶有助于肠道微生物菌群的平衡，利于大便畅通。其次是肝脏，这是人体最重要的解毒器官，许多对人体有毒的物质都要被肝脏分解为无毒害的物质后，再通过其他器官排出体外。茶有保肝的功能，爱喝茶的人，肝脏往往都比较健康，排毒功能也比较强。其三是泌尿系统，主要是通过肾脏生成尿液，借以清除体内代谢产生的废物，同时调节水和电解质的酸碱平衡。喝茶有助利尿通便，利于人体排毒。其四是淋巴系统，主要清除入侵体内的病毒、细菌。其五是人体其他器官，例如从呼吸系统排出二氧化碳，或通过皮肤排出汗液，或通过血管排除多余的胆固醇，等等。至于中医理论中所称的"心毒"，只能通过修习茶道、澡雪心灵来排除。

下面，再来说说茶的养颜功效。喝茶养颜主要是通过及时排毒，避免肠道内壁大量吸收有毒有害物质而导致面部出现暗疮、粉刺、

冠军的风采

色斑等情况发生。喝茶可以补充锌、硒等微量元素，能促进人体新陈代谢，使皮肤光洁、润泽。

另外，在饮用温热的茶时，人体全身的毛孔会扩张，感觉微微出汗，人体细胞内新陈代谢产生的有毒有害物质也能随汗液排出体外。因此，茶可被称为"保持人体器官和细胞卫生的最佳清洁剂"。

四、调节精神

调节精神主要包括两个方面。其一是从生理层面讲，茶中的一些有益的物质能够使人精力充沛、精神旺盛、身心愉悦。其二是从心理层面讲，通过修习茶艺可以使人的精神得到放松，做到"文武之道，一张一弛"。通过修习茶道，领悟中国茶道"和、静、怡、真"

四谛，贯彻"精行俭德"的人文追求，落实"感恩、包容、分享、结缘"四大功能，以及前文所述的由六如茶文化研究院倡导的"新三纲五常"，可以使家庭更和睦，人际关系更和谐，生活更加幸福。

五、消炎灭菌

消炎和灭菌是联系在一起的。茶叶中的一些化学成分能有效抑制病菌和微生物在人体内大量繁殖。例如茶多酚对肠炎病菌、金黄色葡萄球菌、百日咳菌、霍乱菌等病原菌有抗菌作用，对流感病毒、肠胃炎病毒等有抗病毒功效。经常用茶水沐浴、沐足可消除体癣、脚癣等皮肤病。1969 年，我曾经到武夷山插队落户当过茶农，劳作时割破了手脚却没有药医治，农户们告诉我可以用浓茶清洗伤口，果然很有效，伤口不但没有感染，洗过几次后就痊愈了。除了消炎杀菌，在每日三餐后用茶水漱口能消除口腔残留的异味。

六、防治"三高"

"三高"指的是高血压、高血脂、高血糖。现在"三高"几乎成了成功人士的标配。2018 年，我国有 1.6 亿患者血脂指标异常，高血压患者有 2.7 亿人，糖尿病患者有 9240 万人。目前，这些病的发病率越来越高，发病的年龄越来越低。"三高"严重影响了人们的身体健康。有些疾病表面看起来并不是很严重，比如，血糖高看似对身体的直接影响并不大，但是它的并发症却很可怕，甚至发展到部分糖尿病患者不得不做截肢手术，还导致一些糖尿病患者失明，这些都是并发症产生的危害。高血压患者如果得不到及时的治疗，容易并发卒中、冠心病、心力衰竭、糖尿病、肾病等多种疾病。高脂血症患者容易并发脂肪肝、脑梗死、冠心病、糖尿病等症。所以，防治"三高"越来越多受到人们的关注。现代医学研究证明，喝茶对防治"三高"很有好处。日本流行病学调查结果表明，在60岁以上的人群中，没有饮茶习惯的人，其冠心病的发病率为3.1%。有连续3年饮茶习惯的人，其患病率仅为1.4%。美国哈佛大学医学院曾对1600名心脏病患者进行长期跟踪。调查表明，平均每周饮茶14杯以上的患者，比不喝茶的患者在同期内的死亡率低44%。我国已故的茶专家骆少君教授在《饮茶与健康》一书中指出："每天喝茶10杯以上者，高血压患病率比每天喝茶4杯以下者低约30%。"因为茶叶中的茶皂素能降低人体对脂肪的吸收。咖啡因、儿茶素能软化血管，并保持血管弹性。茶叶中含有少量芦丁能防治高血压。比较粗老的茶叶中含有丰富的茶多糖，有良好的降血糖作用，等等。因此，茶叶被誉为"现代成功人士的新福音"。

七、调理肠胃

肠胃如果不好会导致消化不良，很难长寿。喝茶能调理肠胃，最主要的功能是调整肠道。肠道微生物群落中有益生菌，也有对人体有害的微生物，当有害微生物大量繁殖，肠道微生物群落失衡时，就会出现肚子疼、腹泻、发热等症状。有时，虽然肠道微生物群落没有失衡，但是也可能出现便秘，从而影响了身体的健康。喝茶能调理肠胃主要有三个原因：①正确地喝茶，以茶辅餐，细嚼慢咽有助于帮助消化。②红茶、黑茶、足火功的乌龙茶能够暖胃、养胃。③喝茶能改善肠道的生态环境，有利于益生菌的生长。根据我个人的实践经验黑茶类中的金花茯茶，其调理肠胃的功效尤为明显。

八、利尿通便

利尿通便是人体新陈代谢中的一个重要环节，也是确保人体健康不可忽视的重要环节。茶的利尿功能主要是咖啡因及茶碱的作用。茶碱一方面通过扩张肾微细血管使肾脏血流量增加，肾小球过滤速度加快，促进尿液形成，另一方面刺激膀胱，促进尿液排出体外。有医学家用茶和水对比进行利尿实验，结果显示饮茶者在相同的时间内排尿量是饮水者的 1.5 倍，排出的氯化物是饮水者的 2.5 倍。由此可见，多饮茶有利于预防尿道和肾脏结石，并且可降低自来水中氯化物的影响。茶的通便功能主要是由茶多酚促进大肠的收缩和蠕动，茶皂素具有促进小肠蠕动的作用，由此达到利尿通便的养生效果。

九、"三增四抗"

什么是"三增四抗"？"三增"是茶界的爱茶人士对喝茶能增力、增智、增寿的简称。"四抗"是指科学地饮茶有抗疲劳、抗辐射、抗癌变、抗衰老的功效。当然，这些都是有前提条件的，需要大家懂得如何正确地饮茶。不仅要喝茶，还要通过修习茶道来养心。喝茶能增力，使人反应敏捷，精力充沛，这是茶人普遍的切身感受。增智是因为茶中含有咖啡因、可可碱、茶碱，以及数百种芳香族物质，在它们的综合作用下能够令人身心愉悦，反应敏捷，记忆力增强，因此有助于提高工作和学习的效率。增寿是我们学习茶道养生的最高追求，要求我们通过爱茶、习茶，把茶引入自己的生活，并坚持不懈地按照茶道养生的理论来饮茶、品茶，从而达到愉悦身心，益寿延年的效果。

十、益寿延年

茶道养生不仅可以益寿延年，而且很多爱茶的百岁老人虽已暮年，但多数在生活上都能自理，给家庭和社会减轻了负担。

研究茶道养生，推广茶道养生，无论是传播者还是践行者无疑都是一种善举。茶界讲"以茶养生不是消费，而是一本万利的投资。"让我们广结茶缘，更加爱茶，用心习茶吧！

第十八讲

科学饮茶的注意事项

陈升号——大树茶的味道

喝茶有十大保健功效，但是饮茶时，也有需要注意的问题。科学地饮茶应当注意以下八个问题。

一、根据各人的体质选茶

每个人的体质是不一样的，中医把人的体质分为九种类型：平和型、气虚型、阴虚型、阳虚型、湿热型、气郁型、痰湿型、血瘀型和特禀型。我曾先后向一些中医名家请教过自己属于什么体质，得到的答案莫衷一是。中医的诊断往往没有明确的量化标准，更没有理化指标，都是根据各自的临床经验通过"望、闻、问、切"（望舌、闻气、问诊、切脉）来下结论，容易造成判断的不准确性。其实，选茶有一个简便易行又可靠的方法，即听从自己的感觉。人体如同大自然创造的精密灵敏的"仪器"，在自然界进化过程中进行了长期的优化。为了延续生命，人体对不利于自身健康的食物和饮料在摄食过量后通常会产生不良的反应。但茶类只要不是长期严重超量喝，对人体是不会造成太多伤害的，因此在选茶时不妨大胆尝试。从茶性比较温和的红茶、黑茶、白茶、足火功的乌龙茶等茶类开始，然后慢慢扩展到其他茶类。例如，闻到某种茶时如果觉得香气沁心，喝的时候觉得口感宜人，并且在喝过之后感到神清气爽，精神愉悦，那就说明这款茶适合自己。如果某种茶喝完后觉得胃里难受、头晕、四肢无力，甚至有其他不良的感觉，那么说明这茶不适合自己的体质。

二、喝茶浓淡要适宜

很多医生都建议人们不要喝太浓的茶，很多茶学专家也这么说。他们说的都没错，但是究竟什么叫浓，什么叫淡，始终没有一个统一的量化标准，因为这是因人而异的。儿童妇女一般喜欢喝鲜爽清甜的淡茶，有些老人则喜欢喝口感厚重的浓茶。某些地区比如江浙一带的人们习惯喝淡茶，广东潮汕地区的人们则刚好相反。潮汕人泡工夫茶时所泡出的茶汤往往非常浓，甚至在泡过几道后，茶叶吸水膨胀，会把杯盖子顶起来。所以说饮茶的浓淡都是相对的，我们所谓的喝茶要注意浓淡适度，并不是去研究一泡茶的投茶量应当是3克、5克或者7～8克，而是要注意把控好投茶量、冲泡水温、出汤时间三个变数，冲泡出大家爱喝的茶。

另外，即使是同一个人，在不同的季节，不同的时间，对饮茶浓淡的要求也不尽相同。例如晨起后想提神醒脑，茶就应当适当冲泡得浓一些；晚上入睡前宜喝清淡的茶，既有利于排毒，还能避免过度兴奋而导致失眠。所以，过度宣传"喝浓茶有损健康"的理论是片面的。

三、切忌喝过烫的茶

有些茶人喜欢喝热茶，但茶汤如果超过65～70℃就会刺激口腔和食道黏膜，长此以往则容易引起口腔或食道的病变，对健康不利。有研究报告表明，经常饮用温度在70℃以上的茶，罹患食道癌的概率将增加8倍；饮用65～70℃者，罹患食道癌的概率将增加2倍。另外，若是为了品鉴茶叶，茶汤的温度应控制在50℃左右比较适合，若低于40℃以下，味蕾对茶的鉴别能力就会随之下降。所以，在评审茶叶的时候为了欣赏茶叶最佳的色、香、味、韵，茶汤温度应控制在 45 ～ 50℃左右，不宜太烫或太冷。

四、适时将茶、水分离

　　适时将茶、水分离是指用紫砂壶或三才杯（盖碗）冲泡乌龙茶、黑茶等茶类时要注意出汤时间，避免使茶浸泡得太久而造成"坐杯"。其实泡茶技巧归根到底只有一句话，就是恰当地把控好投茶量、冲泡水温、出汤时间这三个变量。这三个变量直接决定茶汤的浓度，投茶量越大，冲泡水温越高，浸泡时间越久，浸出的物质就越多，泡出的茶汤就越浓。不同人对茶汤的口感、喜好都有一个最佳点，即他最喜爱的浓度，这就需要凭经验在最恰当的时间节点及时出汤。若出汤延迟则茶就会苦涩；若过早出汤，则茶汤就会寡淡无味。所以要适时将茶、水分离，既要避免浸泡太久造成"坐杯苦涩"，又要注意不可过早出汤，导致茶汤寡淡失味。

　　关于出汤时间，有些人曾说"浸泡过久会把茶中有毒有害的物质都溶解出来了，喝了会伤身体。"这种说法其实是错误的，如果茶中能浸泡出足以伤害人体的物质，那么这样的茶根本就不能喝。凡是符合国家卫生标准的茶，是不会产生伤身体的有害物质的。但是，茶泡得过久有两点弊端：一是茶汤浓度超过了你所喜爱的愉悦值，显得太苦太涩而影响口感；二是这一泡"坐杯"之后，接下来再泡后几道茶，茶汤会变得寡淡失味。

五、忌用茶水服药

用茶水服药这个问题一直存在争议。茶水中的化学成分有近千种，各种药品中的化学成分千差万别：有的是碱性，有的是酸性，有的用于滋补，有的用于消炎灭菌，有的用于抗病毒。虽然茶水并不是对所有的药都产生化学反应，但我们无法一一分清，甚至连一般的医生也不清楚到底吃哪种药时可以喝茶，吃哪种药时不可以喝茶。事关用药安全，为了万无一失，所以"一刀切"，即只要自己不清楚所服的药可不可以用茶水送服时，那么无论吃什么药时都不建议同时喝茶。特别是服用助消化的酶类药、补血的药、生物碱类药、镇静剂类催眠药、强心药、抗生素等尤其要注意不可以饮茶。用温开水服药方便又安全，较为适宜。

六、忌饮变质茶

茶在存放过程中到底会不会变质？会不会产生黄曲霉毒素或其他对人体有毒有害的物质？要彻底搞清楚这个问题首先要了解茶叶变质的机理。1969 年，我在武夷山曾栽培过白木耳、香菇等食用菌，其基本种植原理和茶发酵的过程相似，都是借助微生物孢子弹射繁殖的原理，让食用菌孢子在培养基中大量繁殖。如果接种香菇孢子，长出的就是香菇，接种白木耳孢子，长出的就是白木耳。如果被有害微生物孢子污染了，那么整个培养基就会霉变甚至腐烂。

茶叶是营养丰富的天然培养基，空气中各种微生物的孢子无处不在，既有益生菌的孢子，也有有害微生物的孢子。只要茶堆的温度、湿度和酸碱度适合，各种微生物的孢子落在茶堆上都会大量繁殖。茶不仅在仓库储存中可能变质，在洁净处储存方式不当也会发霉。我们不可能保证茶叶在长期存放过程中只有益生菌繁殖而没有有害微生物繁殖。如何判别茶是否变质，或产生了黄曲霉毒素，最可靠的方法除了将茶样送到权威部门去检验外，还可以通过"一看二闻"来判断："一看"是仔细观察茶的表面有没有滋生各种黄色、绿色、白色或其他颜色的霉斑，茶砖或茶饼的色泽是否异常；"二闻"是通过嗅觉来判断茶有无异味、霉味、酸味、腐败味等不良气味。如果发现有霉变迹象或有异味则应丢弃，不可饮用。因为有害微生物一旦在茶中大量繁殖，它们分泌的毒素就已渗入茶叶中，即使通风、晾晒、烘烤、翻炒也仅能减少或杀灭茶中的微生物，但是对有害微生物所分泌的毒素依然无法清除。所以，一旦发现茶叶变质发霉，应立即丢弃，切不可冲泡饮用。

七、不饮来源不明的"故事茶"

现在去买茶，很多高价茶都是"故事茶"。不良茶商随便编个稀奇古怪的故事就可以坐收渔利。例如有些商家吹嘘：某茶是民国初年的，某茶是千年古茶树的，某茶是产于知名山头的，某茶是某大师或某非物质文化遗产传承人纯手工制作的，等等。一旦相信了这些故事，消费者往往就上当了。目前，我国的茶叶市场乱象横生，常常令普通消费者无所适从。如何才能购买到货真价实的好茶呢？我的经验有以下两条。

（一）从知名品牌中筛选

改革开放以来，在茶产业发展的过程中，经过长期激烈的竞争，已经有一批优秀的茶企脱颖而出。他们推广茶树良种，加强有机管理，引进先进设备，改进加工工艺，按照标准化、清洁化、智能化、精细化组织生产，千辛万苦打造出了自己的品牌，这些企业一般都十分珍惜自己的品牌口碑，所以可信度比较高。消费者可以从茶叶的知名品牌中选择自己喜爱的产品。

（二）结交茶农，从源头购茶

茶叶是营养丰富的天然培养基，空气中各种微生物的孢子无处不在，既有益生菌的孢子，也有有害微生物的孢子。只要茶堆的温度、湿度和酸碱度适合，各种微生物的孢子落在茶堆上都会大量繁殖。

客观来说，目前品质可靠的知名茶企数量并不多，加之经营和管理成本较高，所以茶叶的价格也相对较高。消费者还可以结交一些口碑好的茶农，直接从茶农处购茶。可以结合茶乡旅游深入茶区，通过"三听、三看、一交友"的方式结识茶农。"三听"是指到一个茶区后，先多听当地管理部门的情况介绍，再听当地茶农和业内著名人士的评价，还要听来当地购茶的茶商或游客的口碑，然后再筛选出心仪的茶农去专程拜访。

"三看"指的是首先看源头，即去看看茶农家的茶园，看看茶山的生态环境、茶树品种，以及茶山的管理水平。其次，要看茶厂，看机器设备、环境卫生、操作程序、工艺水平等。另外，还不可忽略了一个细节，即一定要看仓库。因为从库存的卫生条件、原料毛茶和成品茶叶的堆放管理，以及产品的库存量上最能看出这家茶农是否真正用心做茶，也能看出其实际经营状况。如果你对听到、看到的情况都满意，那么就要真心实意地和被选中的茶农交朋友。中国民谣说得好："人心换人心，八两换半斤。"有很多惜情、惜缘的茶农，和他们交朋友是人生一大乐事。我也有幸结交过一些茶农，几十年来白云苍狗，岁月如逝水，但我们依旧感情弥深。

八、患病期间慎饮茶

有一些疾病是不宜喝茶的，例如患心脑血管疾病，喝太浓的茶会导致心跳加速，有碍健康；胃酸分泌过多、脾胃虚寒者，喝太浓的茶会刺激胃酸分泌而加重病情；胃溃疡、十二指肠溃疡患者不宜饮茶，尤其不宜空腹喝浓茶；低血糖的人喝浓茶或大量喝茶，容易引起茶醉；神经衰弱患者不宜睡前饮茶；缺铁性贫血患者在服药期间，特别是在服用补铁药物的同时更不可饮茶。有研究报告表明，服用补铁药时大量饮茶会导致铁的吸收率下降 60%。另外，在一些疾病的治疗期间若服用头孢菌、四环素、氯霉素等抗生素药物及喹诺酮类抗菌药物，更要避免喝茶。

第十九讲 饮茶知识六问

一、喝茶能否解酒

很多人习惯在酒醉后饮茶，认为这样可以缓解醉酒的情况。但喝茶真的能解酒吗？我们经常听到有不同的意见。要搞清喝茶能否解酒，首先要研究两个问题：一个是要明白什么是酒醉，另一个是要掌握酒醉的程度。酒醉是乙醇急性中毒的表现，即在短时间内摄入的酒精超过了人体的生理阈值，饮酒者面部潮红，心跳加速，进而出现恶心、呕吐、胡言乱语，甚至失去理智，这种现象叫作酒醉。茶究竟能解酒吗？答能或者不能都不是

彝族茶艺师王定燕

正确的答案。关键要看醉到了什么程度。饮酒后如果神智尚清，此时饮茶对解酒是有一定作用的。因为喝茶能够稀释胃中酒精的浓度，更重要的是，茶中含有的茶皂苷能抑制酒精的吸收起到保护肝脏的作用，茶汤中含有的维生素 C 能及时帮助肝脏分解酒精。肝脏是人体的解毒器官，酒精进入血液以后，通过肝脏分解成水和二氧化碳后排出体外，这样就缓解了酒醉。但是，如果醉得已经神志不清，胡言乱语或不言不语，血液中的酒精浓度已经远远超过了生理阈值，在这个阶段就不能依靠茶来解酒了。因为茶中含有咖啡因、茶碱、可可碱等生物碱会使心脏跳得更快、更剧烈。严重酒醉之后心跳本来就很急促，这时候再喝茶如同雪上加霜，极有可能导致心脑血管疾病猝发。此时应尽量使酒醉者将酒吐出，再喝一些白开水或者糖水，如情况严重应尽快就医。所以，茶究竟能否解酒，取决于酒醉的程度。

二、茶是否为吸烟者的福音

生活中我们常常听到"饭后一支烟，快活赛神仙"的说法。很多吸烟者虽然清楚吸烟有害健康，但是还是无法戒除烟瘾。抽烟虽然有时会让人觉得提神醒脑，但是害处还是显而易见的，其中最大的危害有两点。其一，香烟在点燃后会产生一氧化碳、尼古丁、焦油、氰化物、苯、胺等强致癌物，目前已知的有害物质多达 69 种。如果长期吸烟容易患上呼吸系统疾病，轻者咳嗽，重者会导致阻塞性肺疾病，甚至会引发肺癌。有研究报告表明，长期大量吸烟者比不吸烟的人患肺病的概率高出 20 倍。另外，长期吸烟还会导致消化系统，心脑血管，口腔的疾病，如口臭、牙斑、色斑沉淀，女性吸烟还可引发月经不调。其二，吸烟会污染环境，吸烟者吐出的"二手烟"也会影响周围人的健康。老年人若经常吸入二手烟，容易引起冠心病；儿童经常吸入二手烟，容易引发哮喘、肺炎等疾病；孕妇经常吸入二手烟则会影响胎儿的发育；糖尿病患者若经常吸二手烟，会造成体内组织缺氧，导致血糖升高，加重病情。

因为吸烟对人的危害很大，所以世界卫生组织倡导的健康基石中有一条"戒烟限酒"，我觉得还应该鼓励大家"戒烟限酒多喝茶、喝好茶、会喝茶"。茶是烟毒的克星，能有效减轻吸烟对人体的伤害，减少因为吸烟而导致的许多疾病的发生。例如，用橘红冲泡绿茶可以润肺消炎，理气止咳；用罗汉果、甘草、金银花、陈皮、菊花、胖大海和绿茶一同煮饮，可以清热润肺、止咳化痰、减轻烟毒伤害。

三、隔夜茶毒是否如砒霜

有人说"隔夜茶毒过砒霜。"那么，到底隔夜茶还能不能喝呢？

其实，我第一次听到这个问题时便觉得很奇怪。人们常常在早晨泡茶，反复冲泡，一直喝到晚上。但大家却认为隔夜茶对身体伤害很大，这其实是错误的。相比隔夜茶，白天冲泡的茶因为日间室温较高，微生物更容易在茶中滋生，茶汤中的各种化学反应也较强，茶汤比隔夜茶更容易变质。夜间室温相对较低，茶汤质量也相对稳定，浙江大学曾用气相色谱仪做过此类试验，将一杯晚上泡的茶全面检测其化学成分，次日清晨复检，两次检测结果表明，茶汤中化学成分的变化微乎其微，完全可以忽略不计。所以，只要存放的器皿干净，环境卫生，晚上泡的茶，第二天早上是完全可以放心喝的。

然而，虽然隔夜茶并不会对身体产生危害，但我们还是不提倡晚上泡的茶到早上再喝，因为品茶不仅是解渴，更重要的是要体验茶最美妙的色、香、味、韵，所以应该边泡边喝，古人称之为"旋啜旋饮"。冲入开水后，经过高温开香的茶，其香气最高扬、馥郁，最宜闻香，正所谓"未尝甘露味，先闻圣妙香。"当茶汤的温度降到50℃左右时是茶的韵味最美妙的时候，这时候要及时品茶。正所谓"花开堪折直须折"。

四、女性"三期"可不可以喝茶

女性的"三期"是指经期、孕期和哺乳期。女性在这三个特殊时期不宜喝茶的说法由来已久。因为茶中含有咖啡因、茶碱、可可碱，这些生物碱通过饮茶会进入血液中。例如，孕妇喝茶后含有微量生

采茶归来

物碱的血液会循环到子宫，并通过脐带输送给胎儿。虽然没有可靠的临床数据证明这些物质对胎儿的发育是否会有影响，但慎重起见，女性在"三期"还是尽量不要喝茶，或喝清淡一些的茶。

五、泡茶时是否要洗茶

关于洗茶的问题一直存有争议。很多传统乌龙茶产区的人们都习惯在以茶待客时，当着客人的面把茶烫洗一遍，以表示对客人的尊重。比如武夷山茶人以茶待客时常说"头泡汤，二泡茶，三泡四泡是精华。"第一泡洗茶的茶汤不喝，用于烫杯淋盏。有的专家认为，第一泡洗茶会对茶造成不好的印象，认为茶叶不干净。于是民间把洗头道茶称为"润茶""醒茶"或"高温开香"。后来又有一些专家提出异议，说洗茶的茶汤不应该倒掉，因为其中含有大量的茶多酚等营养物质。但我认为这种观点是不正确的。首先，第一道润茶的茶汤中并没有太多的营养物质，因为润茶与茶叶审评不同，审评时头一道要泡 2 ~ 5 分钟，被浸泡出的物质较多，但润茶时在茶杯中冲入开水后稍微晃动就立即出汤，整个过程只有三四秒钟，仅仅是把附着在茶叶表面的粉尘冲洗掉，并激发出茶的香气，连茶叶都没有完全浸透，不可能溶解出大量的营养物质。其次，头道茶汤表面的白色泡沫确实含有少量茶多酚，几乎可以忽略不计，但润茶时所浸泡出的茶多酚只是茶叶表层中极其微小的一部分，对下一泡茶的养生功效几乎没有影响。在日常泡茶中，优质绿茶、红茶、白茶一般不用洗茶。乌龙茶、黑茶、熟普洱茶应进行洗茶，尤其是存放年份较为久远的陈茶，其内部很可能滋生微生物，用高温烫洗一两遍喝起来更令人放心。

六、不宜用铁壶烧水泡茶

不知从什么时候开始，用铁壶煮水泡茶成了我国茶界的一种时尚，不少有钱人都喜欢花高价买铁壶收藏，还特别推崇日本"老铁壶"和我国台湾地区的手工"老铁壶"。实际上，买"老铁壶"和买古董一样，市面上的大多是赝品，普通消费者往往真假难辨。

用铁壶烧水泡茶到底好不好呢？早在宋代，著名茶人苏廙就曾讥讽用铁壶烧水点茶是"猥人俗辈"所为。古人认为用铜、铁等材质的器皿烧水点茶"腥苦且涩，饮之逾时，恶气缠口而不得去。"苏东坡也曾在《次韵周种惠石铫》一写诗强调说"铜腥铁涩不宜泉"。但是至今很多人不仅不信，相反还在帮助我国台湾地区的部分壶商编造了铁壶泡茶的"三大优点"：①用铁壶烧出的水温度更高，能充分泡出乌龙茶的韵味。②用铁壶烧水可以软化水质。③用铁壶烧水，其中铁离子含量高，可以补血。这些理论说起来头头是道，但其实都是错误的。

第一，水的沸点与容器材质无关，与用什么燃料无关，与火焰的温度也无关，仅与当地的大气压有关。在标准大气压下，无论用什么壶烧水，水沸腾的温度都是100℃，绝无例外，并不会出现用铁壶烧水，水沸腾的温度就高的情况。

第二，水沸腾后水质能否软化取决于水质是永久硬水还是暂时硬水。富含硫酸钙、硫酸镁、氯化钙、氯化镁的水是永久硬水，无论用什么壶烧，水质都不会软化。仅含碳酸钙、碳酸镁的水是暂时硬水，无论用什么材质的壶烧，沸腾后水质都能软化。所以说，水能不能软化是由水质本身决定的，和壶的材质并无关系。

第三，虽然铁壶烧出的水中铁离子含量确实比较多，但都是非血红素铁，不易被人体吸收。这种铁离子因其吸收率极低，对补血、补铁并没什么作用。相反，国内外的饮用水标准中，铁离子都属于限制量指标。规定要求每升饮用水中铁离子的含量不得超过 0.3 毫克，否则就不适合饮用了。另外，水中铁离子含量过高还会导致茶汤色泽暗淡，茶香也会受到不良影响。

然而，用铁壶来烧水泡茶毕竟也是有着悠久的历史，而且一些名家老铁壶从工艺品的角度来讲确实有着较高的艺术欣赏价值。从观赏或收藏的角度出发，买一些老铁壶来装饰茶室也是一种不错的选择。

一、水为茶之母

清代画家、书法家郑板桥曾写过一副茶联："从来名士能评水，自古高僧爱斗茶。"这幅茶联生动地说明了"评水"是茶艺的一项基本功，所以茶人们常说"水为茶之母"。

早在唐代，陆羽在《茶经》中对适宜泡茶的用水选择就做了明确的定义，他说："其水用山水上、江水中、井水下。"意思是指泡茶的水最适宜选取的是山泉水，

茶道四谛

其次是河流之水，再次才是普通的井水等地下水。明代茶人张源在《茶录》中写道："茶者，水之神也；水者，茶之体也。非真水莫显其神，非精茶曷窥其体。"张大复在《梅花草堂笔谈》中提出："茶性必发于水。八分之茶，遇十分之水，茶亦十分矣；八分之水，试十分之茶，茶只八分耳。"以上论述均说明了精茶必须配以"宜茶美水"才能给人带来美好的享受，我们在研究茶道养生时至少应当了解以下几点。

（一）水之美的标准

最早明确提出评水标准的是宋徽宗赵佶，他在《大观茶论》中写道："水以清轻甘洁为美。轻甘乃水之自然，独为难得。"这位精通百艺却独独不精于治国的亡国之君的确是位才子，他最先把"美"与"自然"的理念引入到鉴水之中，升华了茶文化的内涵。现代茶人在宋徽宗评水标准的基础上又增加了一个"活"字，认为"清轻甘洁活"五项指标俱佳的水，才堪称是"宜茶美水"。

其一，水质要清。水清则透明、无杂、无色，最能显出茶的本色。故澄清、明澈之水是"宜茶灵水"。

其二，水体要轻。清代乾隆皇帝很赏识这一理论，他无论到哪里出巡，都要命随从带上一个银斗，去称量各地名泉的比重，并以水的轻重，评出了名泉的次第排名。北京玉泉山的玉泉水比重最轻，故被御封"天下第一泉"。现代科学也证明了这一理论是正确的，水的比重越轻，说明溶解的矿物质越少，水越洁净。

其三，水味要甘。田艺蘅在《煮泉小品》中写道："泉惟甘香，故能养人。"所谓水甘，即水入口时舌尖顷刻便会有甜丝丝的美妙感觉，吞咽下去后，喉中也有甘甜爽口的回味，用这样的水泡茶自然会增茶之美味。

其四，水质要洁。即水中不得含有任何对人体有害的物质和有异味的物质，只有不受污染的水，泡出的茶汤滋味才纯正。

其五，水源要活。"流水不腐，户枢不蠹。"现代科学证明，在流动的活水中细菌不易繁殖，同时在活水中氧气等气体的含量较高，泡出的茶汤鲜爽可口。

另外，现代茶人评水有了更为科学、权威的标准，即我国2006年12月29日发布的《生活饮用水卫生标准》（GB5749—2006）。依据此标准，我们提倡在茶事活动中选用信誉可靠的企业生产且符合国家卫生标准的罐装饮用水，或自己购置净水设备，自制净化水。

（二）水的分类

按照水的来源分类，宜茶用水可分为天水、地水、再加工水三大类。

1）天水类

天水类包括了雨、雪、霜、露、雹等自然降水。古代中医认为立春时节的雨水得到了大自然万物之生气，用于煎茶可补脾益气。古代茶人对天水泡茶的好处有许多浪漫的说法，如形容甘露是"神灵之精、仁瑞之泽、其凝如脂、其甘如饴"。用草尖的露水煎茶可使人身体轻灵，皮肤润泽；用鲜花上的露水煎茶可美容养颜。若用霜与雪则宜取冬霜和腊雪。用冬霜的水煎茶可解酒热，用腊雪融水煎茶可解热止渴。但如今多数地区的空气污染严重，用天水泡茶固然有情趣，但是未必卫生，还是提醒大家不要轻易尝试。

2）地水类

地水类包括泉水、溪水、江水、河水、湖水、池水、井水等。在地水类中，茶人们最钟爱的是泉水。这不仅因为多数泉水都符合"清轻甘洁活"的标准，更重要的是泉水无论出自名山幽谷，还是平原城郊，都以其汩汩涓涓的风姿和淙淙潺潺的美妙声音引人遐想。寻访名泉是中国茶道的迷人乐章。汲泉煮茗可为茶艺平添几分野韵，几分神秘、几分美感，所以中国茶人普遍推崇访泉玩茶。

3）再加工水类

再加工水类是指经过工业净化处理的饮用水，包括自来水、纯净水（蒸馏水、太空水等）、矿泉水、活性水、净化水五种品类。在这五类再加工水中，纯净水因其属于软水的特性，非常适合用来泡茶。净化水是指通过净化设备对自来水进行二次处理后的水，一般也适宜泡茶。矿泉水应选用软性的品种，若选用含矿物质过多的硬水泡茶则口感不佳。

另外，按照水的硬度分类可分为硬水和软水两类。硬度值在 0～8 的水被称为软水，用软水泡茶汤色亮丽，滋味浓醇。水的硬度值大于 8 时被称为硬水。硬水需要进行软化后才适宜泡茶。

按照水的酸碱度可分为酸性水和碱性水两类。水的酸碱度用 pH 值来表示。pH 值小于 7 的水被称为酸性水，pH 值等于 7 的水被称为中性水，pH 值大于 7 的水被称为碱性水。泡茶宜选用中性水或弱酸性水，当 pH 值大于 7 时，泡出的茶汤色发暗，鲜爽度低，同时对香气有不良影响。

（三）水之美的鉴赏

生命起源于水，生命的延续一刻也离不开水，所以世人对水都有一种与生俱来的亲切感。中国茶人受"上善若水"思想的影响，对水爱得最为深沉，最有内涵。古代茶人在欣赏水时首推山泉之美。唐代诗僧灵一和尚写道："野泉烟火白云间，坐饮香茶爱此山。"宋代诗人戴昺在《赏茶》中写道："自汲香泉带落花，漫烧石鼎试新茶。"元末诗人蔡廷秀在《茶灶石》中写道："仙人应爱武夷茶，旋汲新泉煮嫩芽。"清代诗人纳兰性德在《饮水诗》中写道："何处清凉堪沁骨？惠山泉试虎丘茶。"清代康熙皇帝的《中泠泉》一诗中也有"静饮中泠水，清寒味日新。顿令超象外，爽豁有天真。"的佳句，这些都是古人对泉之美的最佳赞叹。

二、器为茶之父

《易经·系辞》中曾记载："形而上者谓之道，形而下者谓之器。""形而上"是指无形的思想、道理和法则，"形而下"是指有形的物质。在茶道养生过程中，我们既要重视"形而上"，又要重视"形而下"，即既要重视弘扬茶道精神，又要重视对器之美的研究，通过对茶艺形式美的解读来感悟茶道精神。欣赏器之美主要有以下六个环节。

（一）择器

受"美食不如美器"思想的影响，我国自古以来无论是"饮"还是"食"，都极看重器之美。"葡萄美酒夜光杯"（唐·王翰），"不羡黄金罍，不羡白玉杯"（唐·陆羽），"响松风于蟹眼，浮雪花于兔毫"（宋·苏东坡）等众多诗词佳句诗中所提到的夜光杯、黄金罍、白玉杯、兔毫盏都是极为精美的饮器。可见，在我国古代早已形成了美器与饮食相匹配的传统。唐代茶圣陆羽在《茶经》中就设计了二十四种完整配套的茶具，并强调"城邑之中，王公之门，廿四器缺，则茶废矣。"

目前，我国的茶叶品种已发展到上万种，茶具也随之发展，琳琅满目，美不胜收。选配茶具是茶道养生的基本功之一，在选择茶具时应当注意以下几点。

1）因茶制宜

首先，在选择茶具时必须先了解茶性，顺应茶性，使所选的茶具能充分发挥茶性，即茶具要为展示茶的内在美服务。例如冲泡乌龙茶宜用紫砂壶或盖碗，冲泡红茶宜选用内容量略大的圆瓷壶，冲泡高档绿茶宜选用晶莹剔透的玻璃杯。试想，如果选用紫砂壶冲泡西湖龙井，那么龙井茶"色绿、香郁、味醇、形美"四绝中的"色绿、形美"是无法体验到的。相反，因为紫砂壶保温性能好，容易导致水温过高，从而会将茶闷坏，不仅造成了熟汤失味，龙井茶那淡淡的豆花香和鲜醇的滋味也无法享受。

2）因人制宜

不同年龄、民族、地区、学识和阶层的人各自有不同的爱好。在不影响展示茶的色香味形美的前提下，茶具的选择和搭配要充分考虑到品茶人的因素，依照个人喜好进行选择。

3）因艺制宜

不同类型的茶艺对茶具组合有不同的要求。例如，表演型茶艺、生活型茶艺、营销型茶艺、养生型茶艺选择茶具的标准各不相同。同是表演型茶艺，不同主题对茶具的要求也不相同。例如宫廷茶艺要求茶具雍容华贵；文士茶艺要求茶具典雅别致；民俗茶艺要求茶具简朴实用；宗教茶艺要求茶具古风古韵。总之，选配茶具是为了把茶泡好并愉悦身心，必须充分考虑茶艺的类型及所要表现的时代背景。

4）因境制宜

选择茶具还应当充分注意泡茶时的场所和环境，注意环境的装修格调与基本色调，力求做到茶具美与环境美相互和谐，相互照应，相得益彰。

（二）读壶

读壶即通过鉴赏和把玩茶具来提升茶人的美学修养。在各种茶具中备受喜爱，且最具美学价值的首推紫砂壶。宜兴紫砂壶按照造型可分为光货、花货、筋囊货三大类。各类紫砂壶共同的特点都在于体现中国传统文化的精髓，折射出中国古典美学崇尚质朴、自然的艺术之光。一把好的紫砂壶其内容与形式通过艺术融为一体，既有实用价值，又有观赏和收藏价值。一把好的紫砂壶既保留有泥土的质朴天性，让人发怀古之悠思，又体现着生产时代的文化特点。

所以紫砂壶一经问世就让文人茶客一见倾心，将其视为至宝。紫砂壶如此玄妙，那么我们读壶时主要应看哪些方面呢？

1）看造型

从艺术造型上看，紫砂壶"方非一式，圆不一相"，以方和圆这样简单的几何体创造出无穷变化，在变化中又恪守了中国古典美学"和而不同，违而不犯"的法则。方壶壶体光洁、块面挺括、线条利落。圆壶在"圆稳匀正"的基础上变化出种种花样，让人感到形神气态兼备。《茗壶图录》中对紫砂壶的形态美做了绝妙的拟人化描述："温润如君子，豪迈如丈夫。风流如词客，丽娴如佳人，葆光如隐士，潇洒如少年，短小如侏儒，朴讷如仁人，飘逸如仙子，廉洁如高士，脱俗如衲子。"已故的紫砂工艺泰斗顾景舟先生指出："抽象地讲紫砂陶艺的审美，可以总结为形、神、气、态四个要素。"

紫砂壶的造型千姿百态，哪种造型最美呢？古人云："操千曲而后晓声，观千剑而后识器。"只有多看名家制壶，多阅读名壶集锦等书籍，对古今名家、名壶有比较全面的了解，才可能有较高的鉴赏力。一般而言，好的壶不仅造型美，而且气神形态兼备，或从文静中表现出高雅气度，或从朴实中让人觉得大智若愚，或线条简洁明快、发人返璞归真之遐思，或造型自然生动、让人觉得妙趣天成。总之，一把夺人心目，让人动情的壶即是造型美妙的壶。

2）看泥质

泥质是影响紫砂壶质量的内在因素。泥质的优劣受三个因素的影响：①紫砂矿体本身的品质。②洗泥、炼泥的工艺水平和泥料陈放时间的长短。③烧制的温度。综合去评判壶的泥质可用看、听、摸三种方法。其中最重要的是触摸壶的质感，即用手抚摸把玩，这是判断壶优劣的最可靠方法，但也是最难的方法。犹如经验丰富的玩玉者，只要把玉握在手心片刻，便知是新玉还是古玉一样，手摸紫砂壶是长期实践经验积累起来的感性方法。以手抚摸把玩紫砂壶，细心体会壶身胎体的温润感，令人舒适者为优，反之为劣。

3）看工艺和性能

紫砂壶既是工艺品又是实用的茶具，所以既要看其工艺精细的程度，又要看它的适用性。看一把壶时应从壶盖与壶体的结合是否严丝合缝看起，好的壶用手轻轻旋转壶盖时会感到滑润不滞，无摩擦噪声。再看壶嘴的出水是否流畅均匀且呈圆柱形，正所谓"七寸注水不泛花"。也就是说，倒茶时茶壶离茶杯七寸高时而茶水仍然呈圆柱形，不会水珠四溅者即为好壶。看完出水还要看断水，"断水"是指倒茶时要倒即倒，要停即停，壶嘴不留余沥，不挂水滴，俗称"倒茶不垂涎"。倒茶时水流收断自如者为好壶，反之为差。

4）看装饰

一把好的紫砂壶要形神具备，有了形体美，还要有与之相应的装饰内容。装饰主要看浮雕、堆雕、泥绘、彩绘、镶嵌、陶刻、铭文、款识等。铭文内容的文学内涵隽永，书法、绘画艺术功力精湛，镌刻用刀韵味精到，均可使茶壶身价倍增。对于茶道爱好者而言，看壶的装饰时一般注重紫砂壶的铭文。时大彬壶铭"行吟山水之中""明月一天凉如水"；陈用卿壶铭"山中一杯水，可清天地心"；汪森壶铭"茶山之英，含土之精，饮之德者，心恬神宁"；孟臣壶铭"香中别有韵""竹窗闲楼一片云"；陈鸣远壶铭"汲甘泉，瀹芳茗，孔颜之乐在瓢饮"；曼生壶铭"是一是二，我佛无说"。顾景舟壶铭"不圆而圆，不方而方，智欲其圆，行欲其方"；鲍志强壶铭"明月静风，浩然养素"；启功壶铭"逸情云上"；韩美林壶铭"自有乐处"……这些壶铭言简意赅，都足以启人心智。

一把名壶是制壶大师心血和智慧的产物，它往往集哲学思想、茶人精神、自然韵律、书画功力、造型艺术等于一身。通过读壶，可以加深我们对美学的理解。

三、境是茶之宅

"境"作为中国古典美学范畴，历来受到文学家和艺术家的高度重视，也受到众多茶人的追捧。茶人们普遍认为"喝酒喝气氛，品茶品意境"，因为品茶是诗意的生活方式，所以极重境界。王国维在《人间词话》中提出，境界包括自然景物与人的思想感情及二者的高度融合。茶道养生是身心双修，特别强调人的内心世界与外部环境的统一，要求做到环境美、艺境美、人境美、心境美。只有四境俱美，才能达到至美天乐、怡情悦性的品茗境界。

（一）环境美

品茶的环境也被称为茶空间，它是茶道养生的硬件，包括外部环境和内部环境两个部分。外部环境大体上可分为四种类型：其一，"鸟声低唱禅林雨，茶烟轻扬落花风""曲径通幽处，禅房草木深"般幽寂的寺院丛林之美；其二，"云缥缈，石峥嵘，晚风轻，断霞明"般幽玄的山野自然之美；其三，"远眺城池山色里，俯聆弦管水声中。幽篁映沼新抽翠，芳槿低檐欲吐红"般幽雅的都市园林之美；其四，"蝴蝶双双入菜花，日长无客到田家""黄土筑墙茅盖屋，门前一树紫荆花"般幽清、朴实的田园农家之美。

在外部环境方面古人对植物的选择极其严格，因为不同的植物，各有其不同的植物学特性。按照中国茶道"君子比德"的审美理念，这些植物是构成茶境文化品位的要素。在诸多植物中，古代茶人对竹、松推崇备至。茶人们在选择点缀茶境的植物时往往喜竹，因为竹子"高节人相重，虚心世所钦。"竹子可以启人心智，洁人情怀，陶冶情操。同时，还因为竹子的形态如鸾凤之羽仪，欣然而形，苍然而色，常生于山中水边，具有天然的野趣，洋溢着"山中之情"。另外，竹子有清香竹韵，与茶香茶韵相得益彰，所以，历代茶人好把翠竹作为美化品茗环境的首选植物。

除了竹子，古代茶人也偏爱在松下品茗。茶人爱松，是因为松树古貌苍颜、铜枝铁干，下临危谷，上干云霄，傲雪凌霜的风姿恰合茶性，亦合茶人心性。另外，古人还常把看松与听松相结合。看松时喜欢松的"凌风知劲节，负雪见贞心。"从松树的身上去寻求士大夫挺拔伟岸的人格和坚贞不屈的情操。听松则是因为松风是自然之声，是天籁之音。听松最能引人共鸣，助人悟道。茶人们在品茗时不仅爱听大自然的"松声"，还把茶鼎水沸之声想象为松风。例如，苏轼的"雪乳已翻煎脚处，松风忽作泻时声"；杨万里的"鹰爪新茶蟹眼汤，松风鸣雪兔毫霜"；唐伯虎的"烹煎已得前人法，蟹眼松风朕自嘉"，等等。无论是大自然的松风之声，还是茶鼎水沸的"松风"之声，在茶人心中都是"比德"的标杆。品茗时，倾心去听松风之声，动心移情，神与物游，沉醉于松声、竹韵、茶香中……久而久之，松也忘了，风也忘了，茶也忘了，最终连自己也忘了，茶人们可在这"物我两忘"中达到"物我玄会"的境界，从而享受到品茶的乐趣。

品茶的内部环境要求室内窗明几净，装修质朴，格调高雅，气氛温馨，使人能放松身心并有亲切感和舒适感。茶室内部的环境美还讲究"美源于用"，强调"美妙"与"实用"相结合，崇尚简素、温馨、舒适、高雅的艺术风格。

（二）艺境美

自古"茶通六艺"，在品茶时讲究"六艺助茶"。茶道中所说的六艺不是儒家所说的"六艺"，而是泛指琴、棋、书、画、诗、曲和金石古玩等，以六艺助茶兴时较为注重使用音乐和字画。

蒙古族茶人乌云嘎

在我国古代士大夫的琴棋书画这修身四课中，"琴"代表着音乐，被摆在首位。儒家认为修习音乐可培养自己的情操，提高自身的素养，使自己的生命过程更加快乐、美好。荀子在《乐记》中说："乐者，德之华也。""华"即花，荀子将音乐比作是道德开出的鲜花，足见音乐对古代君子修身养性的重要性。

我们在茶艺过程中重视用音乐来营造艺境，这是因为通过音乐可以体验重情味、重自娱、重生命的享受，有助于为我们用心接活生命之源，也能促进人的自然精神的再发现，有利于人文精神的再创造。茶事活动中最宜选播以下三类音乐。

其一是我国古典名曲。我国古典名曲幽婉深邃，韵味悠长，有令人回肠荡气，销魂摄魄之美。但不同乐曲所反映的意境各不相同，在茶艺环境中应根据季节、天气、时辰、品茶者的身份及茶事活动的主题有针对性地选择播放。只有熟悉古典音乐的意境，才能让背景音乐如牵着茶人回归自然、追寻自我的手，牵引茶人的心与茶对话，与自然对话。

其二是近代作曲家专门为品茶而谱写的音乐，或为茶艺机构选编的音乐如《闲情听茶》《香飘水云间》《桂花龙井》《清香满山月》《乌龙八仙》《听壶》等。品茶时听这些音乐可使我们的心徜祥于茶的无垠世界中，让心灵随着乐曲和茶香，翱翔到更美、更雅、更温馨的理想境界中去。

其三是经过精心录制的大自然之声，如山泉飞瀑、小溪流水、雨打芭蕉、风吹竹林、秋虫鸣唱、百鸟啁啾、松涛海浪等都是极美的音乐，我们称之为"天籁之音"，也称之为"大自然的箫声"。

上述三类音乐都超出了通俗音乐的娱乐性，它们会把自然美渗透进品茶者的灵魂，会引发茶人心中潜藏的美的共鸣，为品茶创造一个如沐春风的美好意境。另外，异国风情茶艺、新创时尚茶艺，如浪漫音乐红茶系列、十二星座茶艺系列等主要是为都市青年设计的，配合这些茶艺，播放流行歌曲、通俗歌曲或交响乐也不失为茶艺与时俱进的一种尝试。

营造高雅和艺境，我们还常借助名家字画、金石古玩、花木盆景，在这些装饰中挂画和楹联也能起到画龙点睛的作用，应精心挑选、布置。

（三）人境美

所谓人境，即指由品茗人数及品茗者的素质所构成的人文环境。明代的张源在《茶录》中写道："饮茶以客少为贵，客众则喧，喧则雅趣会泛泛矣。独啜曰幽，二客曰胜，三四曰趣，五六曰泛，七八曰施。"近代，不少茶人把张源的这个观点当作金科玉律，其实这个观点是不全面的。在现代茶事活动中，不可能限制茶客的人数，只能循循善诱，引导茶客去感受不同的人境美。我们认为品茶不忌人多，但忌人杂。人数不同，可以有不同的品茗人境，独品得神，对啜得趣，众饮得慧。

1）独品得神

一个人在品茶时没有干扰，心更容易虚静，精神更容易集中，情感更容易随着飘然四溢的茶香而升华，思想也更容易达到物我两忘的境界。独自品茶，实际上是茶人的心在与茶对话，与大自然对话，容易做到心驰宏宇、神交自然，最能"原天地之美而达万物之理"，尽得中国茶道之神髓，所以称之为"独品得神"。

2）对啜得趣

品茶不仅是人与自然的沟通，也是茶人之间心与心的相互沟通。邀一知心好友，无论是和红颜知己、闺蜜发小、还是兄弟手足相对品茗，或推心置腹倾诉衷肠，或无须多言心有灵犀，或松下品茶论弈，或幽窗啜茗谈诗，都是人生的乐事，所以称之为"对啜得趣"。

3）众饮得慧

孔子曰："三人行，必有我师焉。"众人品茗，人多，话题也多，信息量大。在茶艺机构清静幽雅的环境中，大家最容易打开"话匣子"，相互交流思想，启迪心智，学习到很多书本中学不到的东西，所以称之为"众饮得慧"。

在茶道养生的实践活动中，无论人多人少，都可以营造出一个良好的人境，让自己和亲朋好友一起身心愉悦地修身养性。

（四）心境美

品茗是心灵的歇息、心灵的放牧、心灵的澡雪。所以，品茗场所应当如风平浪静的港湾，让被生活风暴折磨得疲惫不堪的心灵得到充分放松。品茗场所应当如芳草如茵的牧场，让平时被"我执""法执"所囚禁的心在这里能自由自在地漫步。品茗的场所还应当如一泓洗心涤髓的温泉，让被世俗烟尘熏染了的心，在这里能得到澡雪。茶道养生品茶的目的就是要品出一份好心情。这里说的好心情主要是指闲适、虚静、空灵、舒畅的心情。但现实社会中，我们在生活、工作上必然有激烈的竞争，学习上时时要知识更新，仕途上难免有沉浮穷达，感情上也常有悲欢离合，生活上或许还要愁柴米油盐、社交应酬、婚丧嫁娶、升学就业……人生不如意者十之八九，宠辱、毁誉、是非、得失时常困扰着我们的心，要做到心境美，真是说起来容易做起来很难。

如何才能通过品茶品出好心境呢？最佳的法宝就是"放下"。人生在世，一切苦恼都是因为"放不下"。当代高僧虚云和尚说："修行须放下一切方能入道，否则徒劳无益。"他所指的"放下一切"就是指放下内六根，外六尘，中六识，这十八界都要放下，整个身心都放下了，才能有好心境，才能做到"在枯寂之苦中见生机之

品茗是心灵的歇息、心灵的放牧、心灵的澡雪。所以，品茗场所应当如风平浪静的港湾，让被生活风暴折磨得疲惫不堪的心灵得到充分放松。

甘"，才能"在不完全的现实世界中享受一点和谐，在刹那间体会永久"。品茶时好的心境靠自己对人生的感悟，好的心境也会相互感染，这在心理学上称之为心理暗示或心灵感应。演仁居士有偈最妙："放下亦放下，何处来牵挂？做个无事人，笑谈星月大。"让我们用茶人"日日是好日"的态度来对待生活，永远保持良好的心境，并用良好的心境去感染别人。

四、艺是茶之韵

茶艺是茶道养生的"抓手"，因为艺是茶之韵。"韵"是中国古典美学的一个重要范畴，原意为音律和谐给人的美感，后扩展为风度、气质、情趣等能令人感到心灵舒畅，又言有尽、意无穷的美感。如国画书法的墨韵，举止言谈间的神韵，表情淡定从容的气韵，一颦一笑的风韵，以及茶带给人的独特美妙感受如"岩韵""山韵""丛韵""喉韵""观音韵"，等等。因为茶艺对于以茶构建美好的生活，引导茶叶消费，培育茶叶市场，促进茶产业发展都非常重要，所以我们在另外的篇章中再系统详讲。

五、道是茶之魂

茶道跟茶艺有何区别又有何联系，我们中华文化的源头之一《周易》中写得很明白："形而上谓之道，形而下谓之器。"在我国，茶道与茶艺是两门相互关联而又性质截然不同的两门学科。茶道讲的是茶道与儒释道等民族传统文化的关系，讲的是茶对人精神的影响，涉及的多为哲学层面的内容。所以，中国茶道被定性为是中国传统优秀文化的重要组成部分，属于人文科学。茶艺是一种技能，是形而下。学习茶艺主要研究茶艺的六大要素，即：人之美，茶之美，水之美，气之美，艺之美，境之美。在茶艺修习过程中众美荟萃，用美陶醉自己，用美去感染他人。所以，茶艺被定性为是一门"生活艺术"。中国茶道是中国茶艺的灵魂，茶艺是在茶道精神和美学理论指导下的茶事实践。这两者的关系是"以道驭艺，以艺示道"。茶道养生讲究"心术并重，道艺双修"，只有这样才能达到身心愉悦，益寿延年的功效。

勐海云茶源

第二十一讲 创新茶艺，促进茶道养生

无言的温柔

一、什么是茶艺

如果说茶是茶道养生的物质基础，那么茶艺就是茶道养生的具体方法。什么是茶艺呢？《中国茶艺学》中对茶艺是这样定义的："茶艺是在茶道精神和美学理论指导下的茶事实践，是一门生活艺术。"这里的落脚点是"一门生活艺术"。凡是艺术都唯美是求，但是艺术有多种分类方法。例如，有动态艺术、静态艺术；有听觉艺术、视觉艺术、想象艺术；有表演艺术、生活艺术……为什么我们把茶艺定性为"生活艺术"而不归为"表演艺术"

呢？因为，生活艺术和表演艺术具有本质的区别。表演艺术强调视听效果，只要好看、好听，能征服眼睛和耳朵且内容健康就算是成功了。但生活艺术强调实用，它要求过程美与结果美相互统一。茶艺的过程美主要包括品茗环境的营造，泡茶者的仪容、仪表、气质、风度，茶艺编排的程序美和表演的技巧美等三个方面。茶艺的结果美主要表现为最终要冲泡出一壶色香味韵俱佳的好茶。当前，我们致力于茶艺创新。茶艺创新的主要任务之一就是要从茶艺的硬件和软件两个方面都更好地满足茶道养生的需要。

二、茶空间——自己的心灵营造栖息地

"茶空间"是茶艺的基础硬件，也称为品茗环境，它还有个时尚的称谓"茶与筑"。现代人在工作和生活中承受的压力很大，面对激烈的竞争、紧张的工作和生老病死，往往充满无奈，都渴求有一个空间能释放自己心灵的压力，找回生命本初的温柔，还原生活的诗意。为此，越来越多的茶人热衷于利用家庭的某一个角落营造一个心灵的栖息地，构筑自己的茶空间。茶空间应该像一泓温泉，

让自己在这里能澡雪灵魂，洗净红尘，清除浮躁，回归自我。茶空间还应当如世外桃源，可以让自己在紧张的拼搏之余躲在这里修身养性，享受充满禅意的慢生活，让心灵怡然自得地"吃茶去"！

三、创新茶艺理论体系

茶艺创新的另一个重点是创新茶艺理论体系，使泡茶、品茶的方法更加多姿多彩，也更能满足现代人的个性化需求。我国的茶叶品种很多，仅仅是进入《中国名茶志》的名茶就多达1017种，我国各民族的饮茶方式也是千姿百态。茶道养生要求根据养生的需要和个人的喜好，选择不同的茶，采用不同的方法冲泡。但是目前我国的茶艺重清饮，对调饮和药饮重视得不够。当务之急是建立起精细高雅的清饮、温馨浪漫的调饮、益寿延年的药饮三种品茶方式"三足鼎立"的新格局，使之成为相互补充，相辅相成，相得益彰的理论体系。

（一）精细高雅的"清饮"

清饮是传统的饮茶习惯，也是许多老茶人推崇的一种喝茶方式。清饮就是我们在喝茶时除了选定的茶叶之外不添加任何辅料或调味剂，闻的是茶的本香，品的是茶的本味，感受的是这款茶独特的韵味之美。清饮是感官审评茶叶的唯一方法，只有清饮才能够正确了解茶的理化属性。但清饮满足不了大众对喝茶的不同爱好，特别是满足不了妇女、儿童、青少年，以及少数民族群众喜欢花式喝茶，追求时尚的需要。

（二）温馨浪漫的"调饮"

"调饮"顾名思义就是在喝茶时根据人们自己的喜好，在茶中加入牛奶、薄荷、柠檬、方糖、蜂蜜、果汁、果酱、冰甚至酒类，调制成各种浪漫的饮料。温馨浪漫的调饮很适宜养生。春夏秋冬一年四季花果不断，不同的花草与不同的茶配伍可以调制成琳琅满目、美味可口的花草茶。各种水果可以选配适合的茶调制成时尚美味的果味茶。调饮是充分展示自己的才能，发挥自己的艺术想象力、挑战自我、满足自我的饮茶艺术创作，可以使生活更加丰富多彩。所以，调饮受到越来越多人的喜爱和推崇。

（三）益寿延年的"药饮"

目前，我国 60 岁以上的老年人口已经突破 2.4 亿。老年人也有自己喜爱的喝茶方式。许多老年人喝茶喜欢药饮，即在喝茶时加入适量药食两用的食材来增强茶的养生功效，这在中医学上被称为"复方茶"或"配伍茶"。当然，药饮不局限于老人，因为养生应当从生命诞生的那一天就开始重视。要想养生，单纯靠茶中所含的少量营养物质和功能物质是远远不够的，药饮是当前茶艺界重点研究的课题之一。

四、茶艺在茶道养生中的主要作用

按照茶艺的功能分类，茶艺可分为舞台表演型茶艺、生活待客型茶艺、企业营销型茶艺和修身养性型茶艺四种类型，在茶道养生中主要应用生活待客型茶艺和修身养性型茶艺，其主要作用如下：

（一）以茶构建健康、诗意、时尚的美好生活

以茶养生不能三天打鱼，两天晒网，更不能心血来潮，一时冲动，而是要把茶作为自己的终身伴侣，把茶引进自己的生活，以茶构建健康、诗意、时尚的美好生活。在生活中求新、求变、求有趣、求时尚是人类的秉性。为了让人们能坚持不懈地以茶养生，在茶道养生过程中，我们主要推广生活待客型茶艺和修身养性型茶艺。

推广生活型茶艺要加强与插花、挂画、沐足、食疗、理疗、音乐疗法、芳香疗法等相结合，使我们的生活更丰富多彩，更能令人身心愉悦。

修身养性型茶艺侧重于与以道养心相结合。因为能否健康长寿，心态所起的作用占了 50% ~ 60%。在日常生活中，人们不可能自然而然地将不利于健康的心态排除，也不可能自觉产生开悟、平和、喜悦、爱、明智、宽容、主动、淡定等正能量，这些都要通过修习茶道，将儒释道三教文化的精华融会到一杯茶当中，以茶澡雪心灵，以道点亮心灯，让自己在修行中生活，在生活中修行。

（二）以茶艺营造良好的人际关系

喝茶讲究意境，追求心灵享受。现代养生研究认为，良好的人际关系是健康长寿的"金钥匙"。英国有一句谚语说道："当下午的时钟敲响四下的时候，世上的一切会瞬间为茶而停"。停下做什么呢？停下来打造"金钥匙"，停下来让自己享受茶带来的美好时光。大家可以听着优雅的音乐，铺着蕾丝台布，用精美的器皿在银质三

茶之药饮

层食品架上随意取食各种诱人的茶点。大家聊着天，喝着茶，吃着茶点，这时，茶成为维系友谊的纽带，沟通心灵的桥梁。下午茶茶会既是建立良好人际关系的一种重要手段，又是彻底放松自己的一种养生方式。英国人喝茶日复一日，持之以恒，并且非常讲究品茗意境，这样自然有利于健康长寿。2017 年英国人均寿命为 81.4 岁，位居世界人均寿命排行榜的 17 位。

总之，以茶艺养生时，要求人们做到过程美和结果美相统一。通过泡茶的过程美，使人得到视觉和听觉的享受；通过泡茶的结果美，让人们得到嗅觉味觉的享受。通过茶艺与焚香、插花、美食、禅修，以及琴棋书画、奇石古玩等结合，把喝茶这样的生活琐事，升华成高雅的生活艺术，使人得到精神上的享受。我们常说"茶人日日是好日"，这是因为我们把茶作为"穷通行止长相伴"的终身伴侣，每天享受茶带来的多姿多彩的美好生活。好喝茶，喝好茶，多喝茶，还要会喝茶，这样你一定能喝茶得康乐！

第二十二讲

绿茶及冲泡技巧

在这一讲中，我们来探讨绿茶的特点及冲泡技巧。说到茶，中国人充满了自豪，因为我国是茶的故乡，是茶文化的发祥地。在中国，茶的品种众多，仅仅是进入国家重点图书《中国名茶志》的名茶就有 1017 种，各种茶叶品牌更是浩如烟海，不胜枚举。那么，该怎么形容这些茶呢？我比较喜欢苏东坡的一句诗："戏作小诗君一笑，从来佳茗似佳人。"苏东坡把茶比作美女，比喻得大胆、贴切，有的美女沉鱼落雁，有的闭月羞花，各类美女各具特色。我觉得绿茶就像洋溢着青春活力的妙龄少女，无论是龙井、碧螺春、黄山毛峰、汉中仙毫、信阳毛尖还是六安瓜片都略带生涩，既清丽脱俗、清纯可爱，又清新可人。

一、绿茶的特点

绿茶是我国种植面最广、品种最多、产量最高、消费量最大的茶类，按照杀青工艺可将其分为炒青绿茶、蒸青绿茶、微波杀青绿茶三类；按干燥工艺可分为烘青绿茶、晒青绿茶、微波干燥绿茶三类。不同种类的绿茶，其茶性略有不同，但是高端的绿茶一般都有"四绝"：色绿、香幽、味爽、形美，总体上有以下三个共性。

（一）茶性寒

在我国茶学界按照茶叶的加工工艺分类中，绿茶属于不发酵茶。由于采回的茶青不经过发酵便直接杀青，所以保留的自然营养物质和功能物质都比较多，比如绿茶中茶多酚的保存量就比较高，所以中医学认为绿茶的茶性寒。在养生过程中我们要特别注意绿茶的这一养生特点，既要注意根据"茶性寒"的特点，引导体质虚弱的人用正确的方法喝绿茶，又不可拘泥于古人的只言片语而过分夸大"茶性寒"的特性，而干扰大众通过饮用绿茶来养生。例如，绿茶传到国外以后，外国人并没有"茶性寒"的说法，日本的大多数国民一年四季都喝绿茶，几十年来人均寿命一直居于世界首位。中国的不少长寿老人一年四季都喝绿茶。

（二）茶相嫩

在各大茶类中，绿茶的茶相比较细嫩。高档绿茶一般采单芽或一芽一叶初展的茶青加工，因此很有"目品"的价值。即在品茗时绿茶的色香味韵形通过高明、娴熟的冲泡技法可以充分展示出绿茶的内在美。要体验美，首先要懂得欣赏美，用美陶醉自己，然后才能用美去感染他人。

宜用晶莹剔透的水晶玻璃杯进行冲泡，以便欣赏茶芽在杯中吸水苏醒，像绿蝴蝶一样自由翻飞、像绿精灵在水中翩翩起舞的美景。正因为这样，人们在挑选绿茶时通常会进入误区，往往喜欢用单芽或一芽一叶初展的茶青加工成的精细绿茶。其实这种选茶的方法是片面的，早在清代，乾隆皇帝就写诗批判了这种选茶方法。他在《火前茶》一诗中写道："枪旗初吐含轻烟，雨前不已称火前。吴中自来俗如此，竞巧争新实可怜。"枪旗是指茶叶的形状，尖尖的茶芽似枪，展开的叶片如旗，一芽一叶叫作旗枪，一芽两叶叫作雀舌。枪旗初展说明是茶刚刚抽芽的时候。"含轻烟"是形容茶发芽时，茶园嫩绿如轻烟缭绕，风景非常优美。"雨前不已称火前"，雨前是指的谷雨之前，谷雨前的茶本身就很细嫩，但是人们还不满足，还要追求"火前茶"。"火前"是指寒食节结束后，可以开火做饭之前。寒食节一般是在清明节的前一二日，也就是说当地人挑茶都要挑到清明以前的单芽了。"吴中"是指杭州一带，春秋和战国时期，那里属于吴国的中部地区故称为"吴中"。"自来俗如此"有两种解释，一种可以理解为当地的风俗习惯历来喜欢单芽茶。另外一种解释是乾隆皇帝一针见血地批评"竞巧争新实可怜"。他感叹为了"竞巧争新"挑选茶实在是太无知了。事实也的确如此，明前茶太过细嫩，叶片尚未展开，没有经过充分的光合作用，营养成分也不足。所以，从养生的角度选茶，过老过嫩都不是首选，最好是选一芽一叶初展或者一芽两叶初展的，这样的绿茶老嫩适中，营养丰富，茶相嘉美，口感较好。

（三）品质鲜

绿茶的另外一个特点是"品质鲜"，也可以称其为"一嫩带三鲜"。由于绿茶采摘的茶青细嫩，所以茶香鲜醇，滋味鲜爽，叶底鲜活：茶香鲜醇表现在其香气主要是毫香、嫩香、栗香、豆花香、兰花香等清新馥郁的香气；滋味鲜表现在绿茶的口感鲜嫩、鲜爽、鲜活；叶底鲜活表现在充分冲泡后的叶底仍然绿意盎然，充满了生机活力，引发茶人对生命涅槃的感悟。

在养生方面，一些富硒、富锌绿茶特别值得关注。比如说陕西紫阳、贵州凤冈、湖北恩施、安徽石台、湖南沩山等地出产的富硒茶具有延缓衰老的功效，堪称人类健康长寿的新福音。

二、绿茶的冲泡技巧

谈到绿茶的冲泡技巧，我喜欢借用"诗写梅花月，茶煎谷雨春"来形容冲泡绿茶的感觉。梅花很美，在月光下的梅花更美。绿茶的色香味韵形通过高明、娴熟的冲泡技法可以充分展示出绿茶的内在

清泉涤心

美。要体验美，首先要懂得欣赏美，用美陶醉自己，然后才能用美去感染他人。同样的道理，要泡好绿茶首先心中要了解茶的内在美，这样才能用自己的技巧充分展示茶之美，用茶之美陶醉品饮者。

泡茶如同写诗。写诗要讲究平仄、韵律、意境、构思等各个细节才能妙笔生花。同样的道理，泡茶也要讲究投茶量、冲泡水温、出汤时间、动作和表情等各个细节，泡出的茶才能沁心销魂。诗有古风、律诗、绝句、自由诗等不同的写法，茶也有不同的泡的冲泡法。绿茶冲泡时按照所用的冲泡器皿可分为玻璃杯泡法、三才杯泡法、壶泡法。按照投茶的方式可分为下投法、中投法、上投法，统称为"三投法"，这是绿茶的经典泡法，一般用玻璃杯冲泡。这样冲泡出的绿茶便于品茗者一边怡然自得地品茶，一边充分发挥自己的想象力欣赏杯中的"茶舞"，这也是以茶养生中常用的休闲泡法。

（一）下投法

有一些绿茶，例如凤冈翠芽、午子仙毫、黄山毛峰等，茶的条索紧结，表面光洁，不容易冲泡开，适合用下投法。即直接把适量的茶拨到烫洗过的玻璃杯中，然后用凤凰三点头的手势，冲入开水到七分满，让茶慢慢舒展。水温应当因茶、因人、因气温而异。

（二）中投法

有一些茶紧结度中等，表面光洁，例如龙井茶比较适合用中投法。所谓的中投法有两种：一种是茶—水—水；一种是水—茶—水。我习惯于第一种，即先投茶，然后注入少量开水激发茶香，也称为"高温开香"。闻香之后再用凤凰三点头的手法注入80℃左右的开水至七分杯。冲泡绿茶时高温开香这个程序很重要，因为绿茶的香气非常好闻，香气清幽、淡雅、多变，高温开香之后能更清晰地闻到不同品种绿茶所具有的嫩香、毫香、栗香、豆花香、兰花香等不同的香气。

（三）上投法

有的茶极其细嫩、松散，茸毛也比较多，如洞庭碧螺春、都匀毛尖、信阳毛尖等比较适合用上投法。即先向玻璃杯中注入七分杯温开水，然后再用茶导把茶从茶荷中慢慢地拨入杯中。

无论是采用上投法、中投法还是下投法，冲泡和品饮绿茶时万不可忽略了"杯中看茶舞"，因为这是一道十分赏心悦目的特色程序。若采用上投法冲泡，茶吸水以后纷纷洒洒地下沉，这叫作"碧雪沉江"，茶叶沉下去以后会冒小气泡，叫作"腾波鼓浪"，杯中原本无色的开水慢慢被茶染上了生命的绿色，此时闻香，会感到"碧云飘香"。若采用中投法或下投法冲泡，玻璃杯中的茶舞则更加异彩纷呈，冲水后一根根竖立着浮在水面的茶芽随着水波晃动，如"万笔书天"。沉入杯底仍然竖立不倒的茶芽如"春笋破土"，上下浮沉的茶芽有的如绿精灵翩翩起舞，有的像绿蝴蝶翻飞。个别茶芽一直竖在水中不浮也不沉，宛如"有位佳人，在水中央。翘首傭望，等待情郎。"观赏茶舞十分有趣，能给人带来无穷的想象。

三、绿茶茶艺的创新

　　茶人在茶道养生的过程中，一年四季都可以喝绿茶。春季，我们拿到了刚刚采下的绿茶，它带着山野的韵味，带着大自然的生机活力，带来春天的气息。我们要用心去感悟春季绿茶的美妙。我在春季比较喜欢喝产于贵州雷山县的雷山银球茶，在冲泡雷山银球时用下投法，选择笛子独奏曲《苗岭春晓》作为伴奏配乐。雷山就是苗岭的主峰，茶就产在苗岭。听着《苗岭春晓》的音乐，看雷山银球在热水中慢慢舒展成一朵绽放的花，品着苗岭春天的气息，那种喜悦之情真让人为之振奋。

　　夏天来了，我喜欢喝"荷塘月色"，等待一个彩云追月的夜晚，到荷塘边用荷叶、薄荷叶和竹叶青绿茶一起冲泡，茶香、薄荷香、荷叶香融为一体，淡雅而沁心。

　　秋天，我们可以品一道"花好月圆"，即冲泡桂花龙井。龙井茶的兰花香和馥郁的桂花香相互融合，更加沁人心脾。中秋节的夜晚，全家人聚在一起欣赏着天上的月亮，喝着桂花龙井，吃着月饼，听着《明月千里寄相思》《花好月圆夜》或《月亮代表我的心》，其乐融融。

冬日的天气寒冷，民间喜欢补冬。补冬最宜喝"三花养生茶"，即用玫瑰花、茉莉花、桂花冲泡太平猴魁。玫瑰花性温、味甘，理气疏肝，活血化瘀，有滋补作用；茉莉花性温，能够驱郁辟邪，温胃养中；桂花性温，健脾，平肝。用这三款花泡太平猴魁有暖胃、养胃、平肝的功效。此道茶最好用长筒形玻璃杯冲泡，泡好后的太平猴魁的每一片叶子都竖立在杯中，三种花围绕在叶片的周围，既好看又好喝，还有养生功效。我喝这款茶后曾写过一首诗：残冬辞岁品猴魁，杯里春波唤春回。凌波仙子水中立，翘首傭望知为谁？

综上所述，可见对于大部分人而言，一年四季都适宜喝绿茶，只要根据茶艺的基本知识勇于创新，在不同的季节都能喝出诗情画意，都能享受到生活的情趣，达到养生的效果。不过胃虚、胃弱、胃寒、胃溃疡、胃酸过多的人，以及老人和体虚的人喝绿茶后要注意察看自己的身体反应。如果觉得不适，就应该冲泡得清淡一点，或更换为其他茶类。

第二十三讲

红茶及冲泡技巧

　　红茶是世界上消费量最大的茶类，约占国际茶叶贸易总量的四分之三。红茶属于全发酵茶，即是指通过萎凋、揉捻把茶青的细胞壁捻破，使茶叶中无色的茶多酚与空气中的氧气充分接触氧化，生成茶红素、茶黄素、茶褐素等色素的过程。其中茶黄素是心脑血管疾病的天然克星，它还能使茶的口感鲜爽宜人，对人体十分有益。为了能充分发酵产生茶黄素，发酵时温度一般要控制在24℃～25℃，空气湿度要达到95%以上，发酵时氧气的供给也要充分。发酵后的工艺程序是干燥，要把水分含量降到≤7%才利于长期储存。

时年113岁的巴马老寿星黄卜新为作者签名售书

如果用乐器来比喻茶，我觉得绿茶好像是竹笛，清丽嘹亮，清新自然，最适合演绎田园牧歌的情调；乌龙茶像古编钟，声音雄浑、低沉，穿透力强，有贵族般的霸气；黑茶如古琴，它的声音内敛深沉，时而志在高山，时而意在流水，使人思接千古，视通万里；黄茶、白茶如同笙，它的音色饱满而清越，具有民族特色；红茶像萨克斯，音色深沉饱满，销魂夺魄，缠绵浪漫，最能勾起人们心底对爱的渴望。

一、红茶的特点

红茶发源于中国福建省武夷山的桐木关。当代的红茶分为三类：小种红茶、工夫红茶和红碎茶。这三类中在世界上较为著名的是中国祁门红茶、印度大吉岭红茶、印度阿萨姆红茶和斯里兰卡乌瓦高地红茶。我国的主要知名红茶有正山小种、滇红、英德红茶、贵州高原红、中原红一号、冰岛红、三湘红、金骏眉、竹海金茗、九曲红梅、台湾日月潭红茶，等等。上述这些红茶都具有以下三种特性。

（一）茶性温和

因为红茶经过全发酵，茶叶内的茶多酚大部分被氧化成茶色素，所以香气馥郁甜润，汤色红亮艳丽，口感甘醇，茶性温和，男女老少四季咸宜，深受大众喜爱。

（二）兼容性好

在各大茶类中，红茶的兼容性最好，也最适合调饮，人们常把红茶与花、果、奶、糖、蜜、酒、果仁、果酱、果脯、冰块、豆蔻、丁香、肉桂、黑胡椒、白胡椒等香料及药食两用的辅料，调制成美味可口的浪漫饮料或花样翻新的药饮。

（三）养生功效多

红茶中含有丰富的茶黄素，其最突出的保健功效是对防治心血管疾病有较好的效果。另外，红茶与丁香、豆蔻、生姜、桂皮等香料调制成的香料茶有开胃、养胃、健胃的功效。

二、冲泡红茶的基本技巧

"松雨声来乳花熟，咽入香喉爽红玉。"如果说冲泡绿茶如同谱写田园诗，需要多一些自然，多一些质朴。那么，冲泡红茶则如同谱写爱情诗，需要多一些深情，多一些浪漫。在冲泡过程中要注意以下几个问题。

（一）器皿选择

从养生的角度看，冲泡红茶时器皿的最佳选择不是三才杯，也不是玻璃杯，而是用精美的瓷壶与容量为150～200毫升的马克杯相配套。因为用三才杯冲泡要不断地冲水、出汤、斟茶，很难静下心来品茶。玻璃杯的容量有限，散热过快，也很难泡出红茶最佳的色香味韵。用精美的瓷壶和相配套的马克杯冲泡红茶，既容易把茶泡好又温馨大气、富有情趣。

（二）水的选择

冲泡红茶和冲泡各种茶类一样，不宜选用硬水，宜选用纯净水、矿泉水、桶装水或其他净化后的软水。以水中含矿物质少，含氧气和二氧化碳多的弱酸性软水为佳。烧沸后的隔夜水、保温瓶中久存

的水、沸腾时间较长的水均不适合泡茶。冲泡红茶的开水以二沸最相宜。

（三）投茶量

投茶量应根据品茗者的口感及茶的品种而定，没有固定的标准。一般来说，红茶清饮的投茶量和水的比例以 1：50 或 1：75 为宜，调饮以 1：30 或 1：50 为宜，或按每人投茶 2.5 ～ 3 克计算。但冲泡红茶时有一种说法："一份给你，一份给我，一份喂茶壶。"即如果是两个人品饮，投茶量宜为 7.5 ～ 9 克。因为用大瓷壶冲泡红茶，如果投茶量太少，即使少冲水也无法充分冲泡出红茶的香醇味道。

（四）冲泡程序

1. 用旺火或专用的电水壶烧水。在候汤时观赏干茶的茶相。
2. 水初沸时注一些开水烫壶、温杯。
3. 投茶入壶。
4. 初沸的水再开 30 秒之后，清饮按投茶量和水为 1：50 或 1：75 的比例一次性冲入开水。
5. 盖上壶盖浸泡 1 ～ 3 分钟，揭开壶盖用茶杓轻轻搅拌几下，即可滤出茶汤斟入茶杯品饮。

三、红茶茶艺的创新

红茶调饮深受青少年和女士的欢迎，这个受众群体是富有创新精神的群体，因此近年来红茶冲泡品饮方法日新月异，令人目不暇接，惊喜连连。例如，春季用桑葚来调配红茶，桑葚中花青素的含量很高，能够延年益寿，延缓衰老；夏天用黄菊、淡竹叶来泡红茶，能够清凉解毒，保肝明目；秋天用冰糖雪梨来泡红茶，可以润肺止咳，滋阴除燥；冬天用红枣、枸杞来泡红茶，既补气益血，又美容养颜、暖脾。人们一年四季都可以创新出多姿多彩的红茶冲泡法。

红茶还有一种非常独特的喝法，即培养红茶菌。红茶菌又称为"海宝"，原本是我国传统的食疗饮料，由乳酸菌、醋酸菌、酵母菌在糖水中共生发酵而成，后来改为用红茶汤加入白糖、冰糖、葡萄糖或蜂蜜为培养基，效果更好。红茶菌中融合了各种原料众多的营养成分和药理成分，便于人体吸收，能调节人体的生理功能，滋补强身，提高免疫力，非常适合老年人饮用。

我很喜欢《红茶品鉴大全》一书，其中列举了香草茶、花果茶、风味茶等多种红茶冲泡方法。风味茶又分为伯爵茶、焦糖红茶、柚子茶、俄式红茶、大吉岭冰红茶、巧克力印度奶茶、鸡尾酒冰红茶、婚礼茶、咖啡红茶、拿铁红茶，等等。创新红茶的冲泡和品饮方法是一种生活艺术创作，是一种高雅的自娱自乐，它既能怡情悦性促进养生，又能引导茶叶消费，开拓茶叶市场，促进茶叶流通，推动茶产业的发展，可谓一举多得。

第二十四讲 乌龙茶及冲泡技巧

乌龙茶属于半发酵茶，具有绿茶的清醇、红茶的甜润、花茶的芬芳和黑茶的厚重，它集众美于一体，自成大家气度，俨然是茶中的"大牌明星"。如果我们用画喻茶，那么绿茶就像硬笔素描，线条清晰；红茶就像水粉画，色彩艳丽；黑茶就像泼墨山水画，看起来色彩单调，但墨韵中禅意无穷；乌龙茶则像油画，色彩厚重，层次感强。乾隆皇帝曾用"气味清和兼骨鲠"来形容乌龙茶的气味芬芳可人，但喝起来却像品读《古文观止》，每一篇文章都各有风骨，令人一啜便铭刻于心。

老班章茶树王

一、乌龙茶的品质特点

乌龙茶泛指一大茶类，茶学界把它又分为闽北乌龙、闽南乌龙、广东乌龙和台湾乌龙这四类。

"闽北"是福建北部的简称，产于福建北部山区的乌龙茶通称为闽北乌龙，其中最具代表性的是武夷岩茶和闽北水仙。武夷岩茶又是一个庞大的体系，主要有肉桂、水仙、大红袍三大代表性品种，另外还有铁罗汉、白鸡冠、水金龟、半天妖四大名丛，以及不计其数的"花名"。

闽南乌龙主要包括安溪县的铁观音、黄金桂、本山、毛蟹四大品种，以及平和白芽奇兰、永春佛手、诏安八仙等。广东乌龙主要包括凤凰单丛和岭头单丛。其台湾乌龙包括轻发酵的文山包种、中发酵的冻顶乌龙和重发酵的东方美人等。上述乌龙茶都具有以下三大特点：

（一）香冠著茶

香气是茶叶品质的灵魂。乌龙茶是所有茶类中香气最馥郁，香型最丰富，香味最持久的茶类。乌龙茶内含的芳香族物质多达五六百种。闽北乌龙的"岩骨花香"，闽南乌龙的"春水秋香"，广东乌龙的"凤凰单丛十八香"，台湾乌龙的"蜜香、花香、果香、乳香"，等等。丰富无比，变幻无穷，几乎把人们能够形容出的香型都涵盖了。销魂夺魄的香气是乌龙茶的一大魅力，常常令人如痴如醉。

（二）韵味高雅

"韵"是中国古典美学的一个重要范畴，最初指音律和谐，声音动听。后来宋代大诗人黄庭坚把"韵"扩展到诗词创作、书法、绘画、舞蹈等领域，凡是能令人心情畅适，但是又无法用语言准确表达的美感都称之为"韵"。品鉴乌龙茶最讲究"韵"，它是乌龙茶品质的灵魂。品饮武夷岩茶讲究"岩韵"；品饮铁观音讲究"音韵"；品饮凤凰单丛讲究"山韵""丛韵"；品饮台湾乌龙茶更加讲究"舌韵"，即茶汤入口刺激舌尖、舌面、舌侧的味蕾，五味协调，舌底生津。另外，茶汤过喉温柔爽滑，谓之"喉韵"；茶汤吞下之后胃里暖洋洋的舒服感觉称为"胃韵"；喝罢茶脉搏跳的强劲有力，令人感到五体通泰，有的茶人称之为"脉韵"。总之，"五官并用""六根共识"，体验了乌龙茶的"香、清、甘、活"之后，再领悟其"韵"，才是品鉴乌龙茶的最高享受。

（三）品鉴的方法异彩纷呈

四类乌龙茶的品饮方法各有千秋。安溪铁观

武夷山是乌龙茶的发源地，武夷岩茶的茶艺集知识性、趣味性、实用性以及深厚的传统文化内涵为一体，我把它简单地归纳为"三看、三闻、三品、三回味"。

音茶艺享誉全国；潮汕工夫茶茶艺被誉为中国茶艺的活化石；台湾的闻香杯、品茗杯泡法曾风靡一时。武夷山是乌龙茶的发源地，武夷岩茶的茶艺集知识性、趣味性、实用性以及深厚的传统文化内涵为一体，我把它简单地归纳为"三看、三闻、三品、三回味"。

1."三看"又称为"目品"：一看干茶的外观形状，通常称为"看茶相"，二看汤色，三"看叶底"，即认真观察充分冲泡之后茶渣的色泽、形状、老嫩程度，从中判断茶叶的工艺水平。

2."三闻"又称为"鼻品"：开汤之后头一泡茶首先要闻一闻有没有被吸附了异味。第二闻是闻茶叶的品种香，称为"闻本香"。第三闻是闻茶香的持久性。"三闻"还有另一种解释，即一闻干茶香，二闻开汤后茶汤的水面香，三闻是指闻茶杯内壁的"挂杯香"和茶杯晾凉后的"杯底留香"。因为茶杯凉得比较快，从闻"挂杯香"到闻"杯底留香"可以是一个连续的过程，随着茶杯由热到冷，茶香也从高锐馥郁变得清幽淡雅。

3."三品"又称为"口品"：一品火功，即看茶的焙火水平，看是轻火、中火、足火，还是老火或者生青。二品滋味，主要是品这泡茶的品种特点和工艺水平。三品则是品韵味，体会这泡茶带来的怡然心理感觉。

4."三回味"又称为"心品"：目品、鼻品、口品之后还要用心去回味。一是舌体回味甘甜，满口生津。二是齿颊回味甘醇，留香尽日。三是喉底回味甘爽，心旷神怡。

二、乌龙茶的冲泡与品饮技巧

喝茶如果只是为了解渴，不能充分愉悦身心，那只能是"牛饮"。乌龙茶和其他茶类的喝法都不一样。有紫砂壶泡法、三才杯泡法，有冰水泡法，还有养生型泡法等。我喜欢用紫砂壶与闻香杯、品茗杯配套的工夫茶泡法。武夷山茶人冲泡岩茶常常说一首顺口溜"头泡汤，二泡茶，三泡四泡是精华，五道六道更不差，七泡八泡有余香，九道不失茶真味，这茶才真是好茶。"下面，就为大家介绍一套我1997年自创的《武夷山工夫茶茶艺》。

第一道程序：焚香静气，活煮甘泉

"焚香静气"即通过点燃这支香来营造一个祥和肃穆，虚静空灵的氛围。"活煮甘泉"即用旺火煮沸这壶中的泉水。

第二道程序：孔雀开屏，叶嘉酬宾

"孔雀开屏"是向大家介绍冲泡乌龙茶所用的精美茶具，如同孔雀向同伴展示自己美丽的羽毛。

"叶嘉"是苏东坡对茶叶的美称。"叶嘉酬宾"是请大家鉴赏我们即将要品饮的这款武夷茶王大红袍。

第三道程序：大彬沐淋，乌龙入海

"大彬沐淋"是指用开水烫洗茶壶，其目的是洗壶并提高壶温。时大彬是明代制作紫砂壶的一代宗师，他所制作的紫砂壶被后人视为至宝，后辈茶人常把名贵的紫砂壶称之为大彬壶。

大红袍属于乌龙茶类，用茶导把大红袍投入壶中称之为"乌龙入宫"。

第四道程序：高山流水，春风拂面

"高山流水"是指通过悬壶高冲，借助水的冲力使茶叶翻滚，达到醒茶、润茶的目的。

"春风拂面"是用壶盖轻轻刮去茶汤表面的白色泡沫，使壶内的茶汤更加清澈。

第五道程序：乌龙入海，重洗仙颜

品饮乌龙茶讲究"头泡汤，二泡茶，三泡四泡是精华"。头泡的茶汤我们一般不喝，而是用来温杯。将剩余的茶汤注入茶海，称为"乌龙入海"。

"重洗仙颜"是指第二次向壶中冲入开水，接着再用开水浇淋壶身的外部，这样内外加温，更利于茶香充分散发。

第六道程序：母子相哺，再注甘露

将母壶中的茶汤倒入子壶，这好像是母亲在哺育婴儿，故称"母子相哺"。茶道即人道，茶道最讲感恩，这道程序反映了人世间最宝贵的亲情，即母子之情。

"再注甘露"是指再次向母壶注入开水。

第七道程序：祥龙行雨，凤凰点头

将子壶中的茶汤快速而均匀地斟入闻香杯，称之为"祥龙行雨"，取其"甘霖普降"的吉祥寓意。

为了使每一杯中的茶汤均匀，此刻改为点斟的手法，称为"凤凰点头"，这代表茶艺师向各位品茗嘉宾行礼致敬。

第八道程序：龙凤呈祥，鲤鱼翻身

将品茗杯扣在闻香杯上称为"龙凤呈祥"，意在祝福所有的家庭幸福美满。把扣好的杯子翻转过来称为"鲤鱼翻身"。中国古代

作者与百岁老人张天福先生一起评茶

神话传说中的鲤鱼翻身跃过龙门即可化龙升天而去。借助这道程序
祝福在座的宾客事业发达、前程似锦。

第九道程序：捧杯齐眉，敬奉香茗

将冲泡好的茶敬奉给各位宾客，祝福大家身心康乐，四时吉祥！

第十道程序：喜闻高香，鉴赏汤色

"喜闻高香"称为"鼻品"。这是第一次闻香，主要是闻茶香
的纯度，看茶香是否有异味。

"鉴赏汤色"称为"目品"，即是请宾客欣赏大红袍的汤色，
看是否清亮艳丽。

第十一道程序：三龙护鼎，初品奇茗

"三龙护鼎"是持杯的手势，即用拇指食指夹杯，中指托住杯底，
女士舒展开兰花指，男士则将后两指收拢，这样持杯既稳当又雅观。
三根指头喻为三龙，茶杯如鼎，故称"三龙护鼎"。

"初啜奇茗"是口品头道茶。"啜"是品乌龙茶的特色技巧，

茶汤入口时不马上咽下，而是吸气，使气流带动茶汤冲击舌头各个部位的味蕾，以便精确品悟出奇妙的茶味。头一品主要是品茶的火功水平，看茶是否老火或生青。

第十二道程序：再斟流霞，二探兰芷

"再斟流霞"是为宾客斟第二道茶。大家得到茶后将品茗杯扣合在闻香杯上，双手将扣合好的杯子翻转过来，称为芙蓉出水。茶道精神倡导出淤泥而不染。

"二探兰芷"是第二次闻香。宋代范仲淹有诗云"斗茶味兮轻醍醐，斗茶香兮薄兰芷"。兰花之香是世人公认的王者之香，大家可以细细对比，看这清幽淡雅，甜润悠远，捉摸不定的茶香是否比兰花之香更胜一筹。

第十三道程序：二品云腴，喉底留甘

"二品云腴"是品第二道茶，这次主要是品茶的滋味，感受茶汤过喉的感觉。

第十四道程序：三斟石乳，荡气回肠

"石乳"是元代武夷山贡茶中的珍品，后来被用作武夷岩茶的代名词。"三斟石乳"是为大家斟第三道茶。这次可以让大家单手将扣合好的杯子大幅度翻转过来，这称为白鹤亮翅，祝各位宾客事业直上青云。

"荡气回肠"是第三次闻香。这次闻香与前两次不同，这次是用口腔大口大口地吸入香气，然后从鼻腔呼出，我们称这种闻香的方法为"荡气回肠"。

第十五道程序：含英咀华，领悟岩韵

第三次品茶是把茶汤含在嘴里，像含着一朵小花一样慢慢咀嚼，细细回味。清代乾隆皇帝把这种品茶方法称为"咀嚼回甘趣越永"。即品茶时越咀嚼越觉得茶汤甘醇柔滑，越咀嚼越能感悟到妙趣无穷的岩韵。

第十六道程序：君子之交，水清味美

古人讲"君子之交淡如水"，而那淡中之味恰似在品饮了三道茶之后再喝一口白开水。此刻，大家把白开水含在口中，像"含英咀华"一样慢慢咀嚼，细细回味，直到含不住时再咽下。那是，一定会感到满口生津，甘爽沁心，有"此时无茶胜有茶"的绝妙感受。这道程序反映了人生的一个哲理——平平淡淡才是真。

第十七道程序：名茶探趣，游龙戏水

品茶的最高境界是玩茶。"名茶探趣"是鼓励大家亲自动手泡茶，亲身体验茶事活动的无穷乐趣。

"游龙戏水"按专业术语称为"看叶底"。此刻，可以夹起一片泡后的茶叶放入杯中并冲入白开水。茶叶在杯中漂浮游动宛若游龙戏水，大红袍的叶底三分红，七分绿，俗称"绿叶红镶边"。

第十八道程序：宾主起立，尽杯谢茶

孙中山先生倡导以茶为国饮。自古以来，人们视茶为健身的良药，修身的途径，友谊的纽带。品茗完毕，茶艺师以最后一泡茶敬各位宾客，祝福大家康乐幸福，吉祥如意！

三、乌龙茶茶艺的创新

乌龙茶茶艺的创新不仅仅局限于喝茶，还可以与茶餐、茶浴、

茶芳香疗法、茶气功导引等相结合。例如茶浴就是非常好的养生方法：用廉价的茶头、茶梗等熬制茶汤沐浴，洗完后再冲个热水澡，全身清爽无比，皮肤光洁爽滑，身上带有令人愉悦的清香，所以茶浴是武夷山接待贵宾的一种特殊享受。又如茶的芳香疗法，此法古已有之，但是古代往往是将其与推油相结合。我们推荐的芳香疗法是用一个小小焙茶竹烘笼，再买一些茶头茶梗放在里面，晨起进餐时在上面喷一点水，开始加热，满屋子便萦绕着提神醒脑的茶香，茶香能激活免疫系统，令人全身舒畅。

武夷山是道教名山，道教把天下灵山秀水分为"三十六洞天，七十二福地"，武夷山是第十六洞天，称为"升真元化洞天"。道教南宗五祖白玉蟾曾在这里长期修炼，留下了有"东方神功"之誉的《玉蟾神功》，我在武夷山研究推广茶文化时汲取《玉蟾神功》的一些内容，创编了《武夷留春茶茶艺》，因为这套茶艺内涵复杂，在《中国茶艺学》中曾有专门的介绍，在此不再赘述。

品品香茶山春晓

第二十五讲 白茶及冲泡技巧

　　白茶只有萎凋和干燥两道工艺程序，看起来是制茶工艺最简单的一种茶类，但是萎凋和干燥中蕴含着许多精妙的变化。这些精妙的变化始终遵循道法自然，使白茶保持了最多的自然活力，也形成了白茶的独特品质。我曾试着用文学体裁来形容茶：将红茶比作戏剧，演绎人生。冲泡品饮红茶，冲水时激情澎湃，好像剧情高潮迭起，品饮时清饮、调饮、药饮皆宜，能品出人生百味。把乌龙茶比作散文，做文章，功夫在文外，泡乌龙茶的功夫在茶外。乌龙茶道法自然，起于六合，散于八荒，终归天人合一。黑茶如经文，非色非空，亦色亦空。让人品了以后圆通妙觉，顿悟人生。绿茶如诗歌，最讲韵

茶乡村寨

律，冲泡绿茶时，茶芽在玻璃杯中如绿衣仙子翩翩起舞，充满了诗情画意。那么，如何形容白茶呢？我觉得白茶如诗词，追求明心见性。我们品饮白茶的时候，泡出来的茶汤如一泓秋水明澈见底，芳心尘心，一目了然，令人大彻大悟。

一、白茶的特点

近年来，白茶越来越受到人们的欢迎，除了因为白茶具有"当年茶，三年药，七年宝"耐存放的特点外，还因为它另有三大特点：

（一）茶性寒凉

中医认为白茶"功同犀角"，清凉解毒，民间用它来治疗感冒发烧、儿童的麻疹、虚火、胃热等。现代人竞争激烈，学习紧张，工作生活压力大，容易让人"上火"，适宜喝白茶。因此，福建福鼎地区的人们常把白茶称为"酒友伴侣""随身护士""家庭医生"。

（二）养生功效突出

由中国工程院院士、湖南农业大学博士生导师刘仲华教授组织，联合清华大学中药现代化研究中心、北京大学衰老医学研究中心，教育部茶学重点实验室和国家中医药管理局的亚健康干预技术实验室等五个著名的权威单位成立科研团队，以白毫银针、白牡丹为研究对象，在历时一年多的时间里通过反复的实验分析，论证了福鼎白茶具有显著的美容抗衰、消炎清火、降脂减肥、调降血糖、调控尿酸，保护肝脏等诸多养生功效。2012 年 6 月 16 日，在北京国际会展中心，刘仲华教授为这个研究成果专门举行了隆重的发布会。随后，多家医院也都相继将茶疗与临床治疗相结合。例如泉州市人民医院用陈年老白茶辅助治疗糖尿病，有效率达到了 70%。日本京都帝国大学福利医院对十名糖尿病患者做了临床试验，发现白茶对糖尿病确有辅助疗效。

（三）美容养颜功效卓越

近年来，随着欧美一些科研单位对白茶的研究日益深入，他们的研究成果表明，人体内多余的自由基是人体衰老的一个重要因素。白茶中黄酮的含量最高，黄酮具有极强的抗氧化消除自由基的效果，白茶的护肤养颜功效逐步被人们发现。"雅诗兰黛""香奈儿""安利"等知名品牌的产品中都使用了白茶的提取物。著名的白茶主产区福鼎的茶人自豪地为白茶的美容、养生功效编了一句宣传语：不是你容颜易老，是因为白茶喝得太少！

二、白茶的冲泡技巧

以前的茶学教材中把白茶分成两类，一类叫作传统白茶，包括白毫银针、白牡丹、贡眉、寿眉等。另一类是新工艺白茶，这类白茶是 1968 年为了满足我国香港市场的需要所创的。传统白茶不炒、不揉、不捻，新工艺白茶有轻揉，经过轻揉工艺生产的白茶，在口感上更符合我国香港地区消费群体的饮茶习惯。目前除了新工艺白茶之外，市场上又研发出了一些新型白茶。例如花香白茶，它借鉴了乌龙茶加工的第一道做青工艺，使白茶香气中的花香更明显。随着今后科技进步和时代的发展，白茶的品种还会越来越多。目前，白茶的冲泡技巧也与时俱进，主要有泡饮法和煮饮法两种类型。

（一）泡饮法

冲泡白茶其实很容易，无论水温高低，即使是用100℃的开水冲，只要把握好出汤时间，它都不会苦、不会涩。过去我们学茶的时候，往往都认为什么茶就要用多少度的水温。例如，冲泡碧螺春时要用70℃～75℃，冲泡龙井时用80℃～85℃，冲泡乌龙茶最好用100℃的沸水，等等。这些之所以都是僵硬的理论教条，是因为茶叶感官审评必须标准化。茶艺是生活艺术，既然是艺术就不可能有统一标准，如果一定要有标准，那么这个唯一的标准就是根据自己或客人口感的爱好把控好三个变数，即把控好投茶量、冲泡水温和出汤时间这三个变数。投茶量少，提高冲泡水温同样能够达到自己喜爱的浓度，或用适宜自己的水温并延迟出汤的时间，同样可以冲泡出自己喜爱的口感。所以无须去死记硬背什么茶用什么水温。最好的办法就是拿到一款茶后根据自己的口感多试泡几次，就能试出自己喜爱的口味。泡饮法可以用壶泡法，也可以用盖碗泡法。白毫银针和白牡丹的冲泡方法可以参照绿茶冲泡的方法。

（二）煮饮法

近年来，福鼎品品香茶业公司提倡一种新型的白茶饮用法——"老白茶煮着喝"。我在举办茶艺培训班的过程中加以推广，很受学员的欢迎，因为煮出来的老白茶比泡出来的老白茶溶解的物质更多，口感更饱满、更清甜，更能闻出老白茶的真香、更能喝出老白茶丰富的滋味。茶艺是一门艺术，它唯美是求，茶人强调"器是茶之父"，煮饮老白茶时器皿的选择和搭配非常重要，是选古朴典雅的还是选时尚华丽的，要根据茶艺的主题及品茗环境充分考虑。

茶艺是一门艺术，它唯美是求，茶人强调"器是茶之父"，煮饮老白茶时器皿的选择和搭配非常重要，是选古朴典雅的还是选时尚华丽的，要根据茶艺的主题及品茗环境充分考虑。

三、白茶茶艺的创新

中国传统医学重视天人合一，阴阳调和为理论基础。中医学认为，人生活在大自然当中，必须顺应大自然一年四季气候的变化，才能够健康长寿。《黄帝内经·灵枢·本神》中指出："故智者之养生也，必须顺四时而适寒暑……"我们把中医的这个理论具体化，在冲泡老白茶方面，用不同的方法来冲泡，会达到意想不到的养生效果。以下各列举一条春、夏、秋、冬的调饮配方：

（一）春季养生白茶：金银花山楂茶（适于北方）

用料：金银花10克，山楂片10克，老白茶10克，蜂蜜适量。

方法：将金银花、山楂加水煮沸5分钟后趁沸加入老白茶，再煮一会儿即倒出茶汤，晾凉后调蜜饮用。

功效：金银花性味甘寒，可清热解毒；山楂味酸性凉，可消食、补脾；蜂蜜味甘性平，可益气、补中、润肠。

（二）夏季养生白茶：竹叶薄荷茶

用料：淡竹叶10克，薄荷叶5克，晒白金5克，冰糖适量。

方法：将淡竹叶加足量水煮沸5分钟后，趁热加入晒白金，离火后再加入薄荷，加盖闷3分钟后，倒出茶汤加入冰糖，放凉后置入冰箱不拘时饮用。

功效：解暑，清热，润喉。

（三）秋季养生白茶：竹荪银耳茶

用料：干竹荪10克，银耳10克，晒白金5克，冰糖适量。

方法：将竹荪、银耳洗净泡发，用 500 毫升的晒白金茶汤炖烂，连汤服食。

功效：清心明目，滋阴润肺。

（四）冬季养生白茶：肉桂枸杞奶茶

用料：肉桂 5 克（碾碎），枸杞 10 克，晒白金 5 克。

方法：将肉桂和晒白金用纱布包好，和枸杞一起加 500 毫升水煮沸 5 ~ 10 分钟，取出纱布包，再加入适量鲜奶和红糖，然后倒入有把的耐高温玻璃茶罐中，用两个罐来回倒过来，倒过去（似印度拉茶），来回倒腾十多次即可斟到品茗杯品饮。

功效：滋阴明目，补气养血。

武夷山庄——六如茶文化研究院创始地

第二十六讲

黑茶及冲泡技巧

勐海县旅游康养圣地勐巴拉

黑茶是一个庞大的家族，它属于后发酵茶。"发酵"这个词在茶学中的解释即我们所说的绿茶不发酵，红茶全发酵，乌龙茶半发酵，以及黄茶、白茶轻微发酵等，这里的发酵指的都是酶促氧化，其主要化学反应是空气中的氧气在茶叶中胞外酶的作用下，把无色的茶多酚氧化成茶色素的过程。黑茶的后发酵主要不是酶促氧化，而是有益微生物以茶为培养基大量繁殖的过程。因为微生物发酵的时间较长，成品茶的色泽呈乌黑或黑褐色，所以被称为黑茶。

一、黑茶的特点

黑茶的家族非常庞大，包括广西的六堡茶，湖南的"三尖、三砖、一卷"。"三尖"包括天尖、贡尖、生尖，一般都是篓装。"三砖"包括黑砖、茯砖、花砖。"一卷"原本特指创制于清代道光年间的安化"花卷茶"，因为这种茶用竹篾和棕片捆压成圆柱形，每支净重折合老秤1000两（16两为1斤），故又名"千两茶"。另外，还包括湖北老青茶、四川边茶、藏茶、云南普洱熟茶、陕西泾阳茯茶等。黑茶的特点主要有以下三个方面：

（一）营养丰富

后发酵工艺是益生菌以茶为培养基在茶中大量繁殖的过程。益生菌的生长必须要有充足的营养，它们在生长繁殖过程中把茶叶中人体原本不能消化吸收的部分物质，分解成人体能够吸收利用的物质。例如，茶叶中粗蛋白的含量约占干物质的30%左右，但是粗蛋白不溶于水，人体是无法吸收利用的，能溶于水的氨基酸只有1%～2%。茶叶中糖类约占干物质的25%～30%，但主要是纤维素等大分子物质，人体也无法消化吸收。益生菌在生长繁殖过程中能把粗蛋白分解成氨基酸，把纤维素分解成单糖，更利于人体吸收利用。

益生菌在生化分解过程中还能生成一些独特的养生保健物质，所以黑茶具有其他茶类所不具备的养生保健功效。

（二）风味厚重、醇和、饱满，香气类型多种多样

能参与茶叶后发酵的微生物有很多，主体菌种不同，发酵产品的品质风味和养生特点也各不相同。例如，糯米蒸好之后进行发酵，用醋酸杆菌发酵即生成醋，用酒曲发酵则酿成酒。从理论上来讲，既然黑茶是通过微生物发酵的，我们就可以通过筛选，有针对性地提取微生物培养成菌种，然后接种到茶堆中，让这种微生物在最适宜的温度和湿度下大量繁殖，这样就可以按生产者的意愿生产出风味各异，养生功能各有侧重，香气类型多种多样的黑茶。黑茶的香气主要有荷香、兰香、樟香、木香、枣香等，老黑茶有陈香、药香，六堡茶有独特的槟榔香，金花茯茶有优雅的菌花香，等等。

（三）茶相相对粗老

黑茶的原料相对粗老，有利也有弊。有利的一面是因为相对粗老的茶叶中，由光合作用生成的营养物质和茶多糖等功能物质的含量都比较高，包容性强，口感醇厚，既适合泡饮又适合煮饮，既可清饮也可调饮，对辅助治疗糖尿病，降低"三高"，预防心脑血管疾病，改善肠道微生物群落、调理肠胃功能都有良好的效果。原料粗老也有弊端，茶相粗老的茶中，氟元素的含量可能超标，另外还会导致茶的卖相不佳，影响茶叶销售，等等。

二、冲泡品饮技巧

各种茶冲泡起来都有技巧，例如冲泡品饮绿茶、黄芽茶、白毫银针都注重"色香味形"，讲究"杯中看茶舞"；冲泡品饮红茶讲究"浓强鲜"或"香醇柔"；冲泡品饮乌龙茶讲究"香清甘活"，讲究"领悟茶韵"。当然，黑茶也不例外。黑茶的冲泡品饮技巧则讲究以下三点：

（一）醒茶

黑茶都经过微生物发酵，并且大多都经过长期储存，所以茶内可能会产生一些或浓或淡的异味。"醒茶"即通过不同的方法把沉睡多年的茶唤醒。醒茶的方法主要有静置干醒和加热湿醒两种。静置干醒是从茶砖、茶饼上撬下适量黑茶，或者从包装物内取出部分黑茶，放到洁净的茶盘中，静置在没有异味且空气流动处，使茶中

道法自然

的异味自然挥发。加热湿醒是把紫砂壶或三才杯加热后把要醒的茶放进去，打开壶盖或杯盖，让器皿的温热促使茶中的异味挥发。还可以在紫砂壶的外壁浇淋开水，或者把醒茶的三才杯放入一个装有适量开水的水盂内揭开杯盖加热，这样都有利于异味加速挥发。

（二）开水润茶

大多数人品饮黑茶时都喜欢喝有年份的陈茶。茶本身营养含量比较丰富，长期存放难免会滋生一些肉眼不易观察到的小虫。茶人把这些小虫归纳为"茶虫"和"纸虫"两类。这些小虫子对人的健康虽然无害，但是在正式泡茶之前还是应把它们尽量消灭。最简单、有效的方法就是用开水润茶，或称高温开香。用沸腾的开水润茶一至两道，无论什么小虫子都会被杀灭。这两道润茶的茶汤应倒掉不饮，每一道润茶的茶汤都要控沥干净并且尽快闻香，闻香是心灵的美妙享受：记下头两道茶香，再与其后冲泡的数道茶香对比，体验茶香的变化也是一件趣事。

（三）基本泡法

黑茶的基本泡法有四种：①紫砂壶工夫泡法；②三才杯不留根泡法；③三才杯留根泡法；④煮饮法。紫砂壶工夫泡法和煮饮法无须赘述。这里只说说"不留根泡法"和"留根泡法"的不同妙趣所在。"不留根泡法"是指每一次冲水后，出汤时都必须把茶汤倾倒干净，不能积汤，以便观察和品味每一泡茶色香味、韵的变化。"留根泡法"是指每一泡茶出汤时都有意留一些茶汤在杯底或壶底，并且通过把控好下一泡茶的出汤时间，尽量使每一泡茶汤的浓淡基本相同。养生喝茶重在"玩茶"，只是"戏法人人会要，各有巧妙不同"罢了。

三、黑茶品饮的创新

黑茶既可以清饮，也可以调饮和药饮。之前，我们在药饮方面研究较少，今后在黑茶品饮方法的创新方面，要将如何开发药饮作为一个重要的课题。下面介绍几种黑茶辅助治疗常见病的方法。

1. *辅助治疗糖尿病*：金花茯茶 10 克，纯净水约 1000 毫升，共同煮沸 5 分钟后熄火，随时取饮。

2. *辅助治疗高血脂*：山楂 10 克，陈皮 10 克，金花茯茶 10 克，加纯净水 1000 毫升左右，文火慢慢煮，煮沸以后再煮 3 分钟，自然降温到 60℃，随意取饮。

3. *补肾壮阳*：灵芝片 5 克，枸杞 20 克，金花茯茶 10 克，纯净水 1000 毫升左右，文火煮开以后再煮 3 ~ 5 分钟，每日饮三次为佳。

4. *补血养颜*：桂圆肉 10 克，枸杞 10 克，红枣 10 克，红糖适量，金花茯茶 10 克，加清水 500 毫升，煮至浓稠。饮完一道以后，还可以加水续煮两道。

在我国历史上，黑茶是神秘的茶，是统治者用于和边的茶，是少数民族的"生命之茶"。如今的黑茶是大众的新福音，我们提倡"边茶内饮""粗茶细品""开发药饮"。创新黑茶的品饮方法，使古老的黑茶为现代人的美好生活做出更多的贡献。

第二十七讲

茶道——天道、人道、爱之道

作者与双冠王邹炳良（左一）

中国是茶树的故乡，是世界上最早发现茶，利用茶，种植茶的国家。唐代茶圣陆羽指出："茶之为饮，发乎神农氏，闻于鲁周公。"

神农即炎帝，是传说中农耕文明和中医、中药的创始者。《神农本草经》记载："神农尝百草，日遇七十二毒，得荼而解之。"这里的荼即茶的古称。

总结了我国数千年来的饮茶实践经验后，我把喝茶归纳为"得味、得韵、得道"三重境界。

"得味"是从茶的感官特征和理化属性来认识茶，注重于感受茶的色香味韵气形等方面，通过这个阶段的研习，使大家能辨别出茶的种类、品种、新陈、优劣。

茶是茶道养生的物质基础。"得味"主要属于茶叶感官审评学研究的范畴。

再来说说"得韵"，韵是中国古典美学一个非常重要的概念，原指声律和谐，令人听后感到愉悦。后被引申为使人心情舒畅，但只可意会难以言传的美感。"得韵"要求把品茶从生活琐事升华为生活艺术，使人们既能在泡茶的过程中获得美感乐趣，又能从品茶中获得美味乐趣。这双重的乐趣，使人在茶事活动中获得感官上的愉悦和精神上的享受。"得韵"主要属于茶艺学研究的范畴。

"得道"是玩茶的最高境界。早在唐代，名宦刘贞亮在《饮茶十德》中就强调"以茶散郁气，以茶驱睡气，以茶养生气，以茶除病气，以茶利礼仁，以茶表敬意，以茶尝滋味，以茶养身体，以茶可行道，以茶可雅志。"既然"以茶可行道"，那么，何为中国茶道呢？中国茶道的学科性质和特点又是什么呢？其实，茶道即天道、人道、爱之道。下面，我为大家讲一讲中国茶道。

一、什么是中国茶道

要回答这个问题，首先要知道什么是"道"。"道"在汉语茶道如"月"，人心如"江"，在各人心中的茶道如"月印千江水，千江月不同"。有的"浮光跃金"，有的"静影沉璧"；有的"江清月近人"，有的"水浅鱼读月"；有的"月穿江底水无痕"，有的"江云有影月含羞"；有的"冷月无声蛙自语"，有的"清江明月露禅心"。月只一轮，映象各异。

中既可理解为途径、方法，也可解释为法则、规律、人生观、世界观、思想体系及宇宙万物的本原。《辞海》中对"道"有十几种解释。最早把"茶"与"道"联系在一起的是唐代诗僧皎然，他在《饮茶歌诮崔石使君》诗中说"三饮便得道。"又说"孰知茶道全尔真，唯有丹丘得如此。"在这里，皎然和尚是把"茶道"视为精神感受，并且认为只有像丹丘子这样的神仙才能悟道。

中国人不轻易言道。《周易·系辞》中指出："是故形而上者谓之道，形而下者谓之器。"形而上者是指看不见、摸不着、说不清的精神层面的东西；形而下者是指有形的物质。我国古代先贤对"道"都有相似的论述。道家创始人老子认为，道是宇宙万物的本原，是先于物质而存在的。他说："有物混成，先天地生。寂兮寥兮，独立而不改，周行而不殆，可以为天地母。吾不知其名，强字之曰道。"寂者，无声之意；寥者，空旷无形之意。这句话的大意是指有一种物质混沌而能化成万物，先于天地而存在，它寂静无声音，空阔无影形，独立长存，循环往复运行而不停滞，是天地万物的母亲。我不知道它的名字，姑且称其为"道"。

儒家学说的创始人孔子认为，道是无法穷

尽、无法表述的真理。他在《论语·里仁》中提出："朝闻道，夕死可矣。"受老子、孔子等先哲思想的影响，唐代出现了"茶道"一词，但历代茶人都没有给"茶道"下过明确的定义。随着时代变迁，人们认为有必要对中国茶道给予科学的界定，不少专家学者也纷纷提出了自己的观点。周作人先生认为："茶道的思想，用平凡的话来说，可以称为'忙里偷闲''苦中作乐'，在不完全现实中享受一种美与和谐，在刹那间体会永久。"庄晚芳先生认为："茶道就是一种通过饮茶的方式，对人们进行礼法教育、道德修养的一种仪式。"台湾学者蔡荣章先生认为："如要强调有形的动作部分，则用茶艺；强调茶引发的思想与美感境界，则用茶道。指导茶艺的理念就是茶道。"安徽农业大学丁以寿教授认为："茶道是以养生修心为宗旨的饮茶艺术。简而言之，茶道即饮茶修道。"可见专家学者们对茶道的理解可谓是见仁见智。

我认为，从传统文化的角度讲，"道"贵在由人各自心悟，无须强求统一。茶道如"月"，人心如"江"，在各人心中的茶道如"月印千江水，千江月不同"。有的"浮光跃金"，有的"静影沉璧"；有的"江清月近人"，有的"水浅鱼读月"；有的"月穿江底水无痕"，有的"江云有影月含羞"；有的"冷月无声蛙自语"，有的"清江明月露禅心"。月只一轮，映象各异。不同的人和不同的心境对茶道必然有不同的感受。但目前中国茶道已经从传统文化升华为一门新兴的学科。既然作为一门学科，那就必须要为其下一个明确的定义，我权且将它定义为："中国茶道是中华民族优秀传统文化的重要组成部分，是一门人文科学，是茶文化的核心与灵魂。"学习中国茶文化应当"心术并重，道艺双修"。"心"主理，理的最高境界就是道。"术"主技，技的升华即为艺。从理论上讲，中国茶道是研究以茶启迪人性，通过茶事实践认识自然，感悟自然规律的"天道"。从人文追求方面讲，茶道是通过研究茶与中华民族传统文化的关系，以茶修身养性、愉悦心灵、感悟人生的一门人文科学，是"人道"。从茶道的表现形式看，茶道融合了儒家"亲亲而仁民，仁民而爱物"的情怀，佛教"无缘大慈，同体大悲"的智慧，道教"盖天地万物本吾一体"的理念，共同构成了中国茶道"以爱为纲"的思想基础，并且在习茶过程中受茶道精神的陶冶，使人更加热爱自然，热爱社会，热爱生活，所以茶道是地地道道的"爱之道"。从实践方面看，茶道即修身养性之道。因此我把茶道归纳总结为：茶道即天道、人道、爱之道。

二、中国茶道的基本内容

中国茶道是一门综合性学科，其理论体系包括哲学基础、修习途径、心灵感受、终极追求等四个方面，我综合各家理论，把这四个方面概括为"和、静、怡、真"。

（一）和——中国茶道的哲学思想核心

中国茶道植根于中华民族传统文化的沃土之中，吸收了儒、释、道三教的精华，充满了智慧的哲学思辨，沉积了厚重的伦理道德和人文追求，展现了雅俗共赏的艺术风采，所以最能让人乐此不疲、孜孜以求。其中"和"是儒、释、道三教共同的哲学理念，茶道所追求的"和"源于《周易》中的"保合太和"。"保合太和"的意思是指世间万物皆源于阴阳协调，保合太和之元气，普利万物生长才是天地间的正道。

儒、释、道三家对于"和"有共同的认知，却有不同的诠释。儒家从"太和"的哲学理念中推衍出"中庸之道"的"中和"思想。在儒者的眼中，"和"是中，"和"是度，"和"是宜，"和"是当，"和"即一切恰到好处，既无太过亦无不及。在情与理上，"和"表现为理性的节制，而非情感的放纵，故陆羽认为茶最适宜"精行俭德"之人。在行为举止上，"和"表现为适可而止。在人与自然的关系上，"和"表现为亲和自然，"仁人之心，以天地万物为一体，欣合和畅，原无间隔"。在人与社会及人与人之间的关系上，"和"表现为"礼之用，和为贵"，提倡和衷共济，互敬互爱。

道家对"和"另有精辟的诠释。老子认为天地万物都包含阴阳这两个因素，生是阴阳之和，道是阴阳之变。他提出："道生一，一生二，二生三，三生万物。万物负阴而抱阳，冲气以为和。"人与自然万物原本是一体，所以在中国茶道中特别注重亲和自然，回归自然。在处世方面，道家强调"知和曰常"，提倡"和其光，同其尘。"这在茶事

乌龙入宫

活动中表现为无论与什么人一起品茶，都不好炫耀，都能和诚处世，和蔼待人，和乐品茗。

佛教也讲"和"，如佛家提倡的"中道妙理"就是"中和"的哲学理念。僧团内部强调"六和敬"，即"身和同住、口和无诤、意和同悦、戒和同修、见和同解、利和同均。"这是僧团的修行清规，也是佛教众僧以和为贵，追求和谐的修行实践。

正因为一个"和"字在茶道中有如此丰富而深刻的思想内涵，所以历代茶人都以"和"为茶道的灵魂，把"和"视为茶人的襟怀，茶人的境界。

（二）静——修习中国茶道的必由之路

中国茶道是以茶修身养性、澡雪精神、追寻自我之道。"静"是修习中国茶道的必由之路。老子说："致虚极，守静笃，万物并做，吾以观其复。夫物芸芸，各复归于其根。归根曰静，静曰复命……"庄子说"……圣人之心，静乎，天地之鉴也，万物之镜也。"老子和庄子所说的都是"虚静观复法"，是人们洞察自然、反观自我、明心见性、体悟大道的无上妙法。历代儒家文士都把"静"视为越名教而任自然的思想基础。陶渊明追求"闲静少言，不慕荣利"。王维宣称："吾生好清静，蔬食去情尘。"白居易的座右铭是："修外以及内，静养和与真。"苏东坡对静的论述更加深刻，他认为："夫人之动，以静为主，神以静舍，心以静充，志以静宁，虑以静明，其静有道。"

古往今来，无论是羽士隐者，还是高僧大儒，都不约而同地把"静"作为修习茶道的必由之路。因为"静"可虚怀若谷，可内敛含藏，可洞察明澈，可体道入微，"欲达茶道通玄境，除却静修无妙法。"由此可见，中国古代的士大夫们都是在"静"中证道悟道，在"静"中明心见性，同时也在"静"中寻求自己独立的人格和自尊。

（三）怡——修习中国茶道的身心感受

"怡"者，和悦愉快之意。中国茶道崇尚自然，率性任真，不拘一格，雅俗共赏，最能让茶人在茶事过程中得到愉悦的身心享受。中国茶道之"怡"可分为三个层次：其一是怡目适口的直觉感受；其二是怡心悦意的审美领悟；其三是怡情悦志的精神升华。中国茶道的"怡"还极具广泛性，不同地位、不同信仰、不同文化层次的人，对茶道之怡有不同的追求。王公贵族讲茶道重在"茶之珍"，意在炫耀权势，彰显富贵，附庸风雅。文人学士讲茶道重在"茶之韵"，意在托物寄怀，激扬文思，结朋交友。佛门高僧讲茶道重在"茶之德"，意在驱困提神，参禅悟道，见性成佛。道家羽士讲茶道重在"茶之功"，意在品茗养生，保生尽年，羽化成仙。普通老百姓讲茶道重在"茶之味"，意在祛腥除腻，涤烦解渴，招待亲友。无论什么人修习中国茶道都能从中得到精神上的满足和心灵上

中国茶道是以茶修身养性、澡雪精神、追寻自我之道。"静"是修习中国茶道的必由之路。

的怡悦，这种"快乐习茶"的怡悦性，正是中国茶道比日本茶道的优越之处。

（四）真——中国茶道的起点和终极追求

"真"原是道家的哲学范畴。庄子认为："真者，精诚之至也。不真不诚，不能动人。"在道家学说中，真即本性、本质，所以道家追求"抱朴含真""返璞归真"，要求"守真""养真""全真"。道家求真的思想对茶道影响极深。中国茶道中所追求的"真"主要有四重含义：

1. 追求物之真：中国茶道要求茶事活动中，茶宜真香、真味；环境以真山、真水为佳；器皿应是真竹、真木、真石、真陶、真瓷；字画以名家真迹或亲笔所书者为首选；插花应选新近采摘的鲜花鲜叶。

2. 追求情之真：待客要真心实意，泡茶要投入真情，并通过品茗叙怀，使茶友之间的真情得到发展，达到互见真心的境界。茶人之间真情相见，有助于感受品茶的乐趣。

3. **追求性之真**：在品茗过程中，真正放松自己的心情，在无我的境界中去放飞自己的心灵，放牧自己的天性，达到"全性葆真"。这里所说的"真"是指生命。庄子云："道之真，以治身。"即只有率性任真，本色做人，才是道之真谛。

4. **追求道之真**：在茶事活动中，茶人以淡泊的襟怀，豁达的心胸，超然的性情和闲适的心态去品味茶的物外高意，将自己的感情和生命都融入大自然，去追求对"道"的真切体悟，使自己的心能契合大道，彻悟人生。由此可见，"真"既是中国茶道的起点，又是中国茶道的终极追求。

三、中国茶道的四大功能

中国茶道使一片树叶、一杯茶水成为一篇科学的大道理、哲学的大道理、人生的大道理。中国茶道的理念使品茶超越了人的生理需要，也超越了单纯的艺术审美，使茶事活动具有不同于政治说教的人格化育功能。当代高僧净慧大师把茶道的功能定位为"感恩、包容、分享、结缘"四个方面。

（一）感恩

一切生命都依赖于外部环境而存在。例如，人依赖于大自然和社会环境而生存，任何人都无法离开自然，离开社会，离开他人的关照而独自生活。生命伊始便浸润在外部恩泽的海洋中，所以我们应常怀一颗感恩之心。中国茶道吸纳了儒、释、道三教思想精华，特别强调感恩的重要性。佛家倡导要"报四重恩"，即"报父母恩、报众生恩、报国家恩、报三宝恩"。

感恩，即对自然、对他人、对社会心存感激，立志回馈的一种心态，是一种乐于真情奉献而不求回报的美德。感恩是对良心的自觉温习，人间因此充满了相互间的关爱；感恩是真情的恒久维系，生活因此而充满真善美的旋律；感恩是滋润生命的营养素，生命之花因此变得更加绚丽。感恩文化落实在生活中，人心向善，社会和谐。中国茶道倡导的感恩之心是人类的基本良心。有感恩之心的人心如晴空，日朗风清，天蓝海碧，一切都显得十分美好，这样也利于身体健康，延年益寿。

（二）包容

中国茶道的包容主要包括三个层面：茶性的包容、茶道的包容、茶人的包容。

茶性的包容表现在茶既可以清饮，也可以调饮，可以加奶、加果汁、加糖、加香料、加酒等，调制出风味不同的各种饮料，所以茶能得到不同国家、不同民族、不同宗教、不同社会地位

茶人是包容的。人性偏执、物欲膨胀等都会使得人与人之间充满矛盾与对立。倡导包容，是构建和谐社会的重要因素之一。

者的喜爱。

茶道是包容的。在中国茶道的基本理论中，融会了中国传统优秀文化的精华。茶与儒相通，通在中庸之道，通在格物致知、克明峻德，通在齐家、治国、平天下；茶与道相通，通在天人合一，通在道法自然，通在达生、贵生、尊生、养生；茶与佛相通，

一瓣心香化白莲

通在茶禅一味，通在无住生心，通在活在当下，通在"平常心是道"，通在"日日是好日"……正是因为中国茶道有海纳百川的胸怀，所以才能发展成视通万里、思接千载、学贯三教、雅俗共赏的隽永文化。

茶人是包容的。人性偏执、物欲膨胀等都会使得人与人之间充满矛盾与对立。倡导包容，是构建和谐社会的重要因素之一。

"包"者，包含、包涵之意。"容"者，接纳、原谅、宽容之意。"海纳百川，有容乃大"，这是大自然的包容；"宰相肚里能行船"，这是政治家的包容；"天下茶人是一家"，这是茶人的包容。包容之心可使人们超越地位的尊卑，超越圣凡的对立，超越信仰的不同，超越文化的隔阂，超越国籍、民族、年龄、性别，让所有人都怀着一颗平常心共享大自然恩赐给全人类的甘露——一盏清茶。有了包容之心，这个世界将变得祥和。有了包容之心，我们便会生活在爱的怀抱中。

（三）分享

分享是彻悟"舍得"辩证法的大智慧。"分"是付出、是给予，是"舍"；"享"是享用，是享受，是"得"。茶道提倡的分享包含物质和精神两个层面。当茶友们分享一壶茶时，被分享的不仅仅是茶气的清香、茶味的隽永、茶韵的美妙，同时分享的还有品茶带给每一个人心灵的快乐。每一位茶人必然都有过这样的感受：和茶友分享一壶茶比独自享受一壶茶要有趣得多，快乐得多。试想，如果能推而广之，每一个人都把自己的幸福快乐与大家分享，同时也分享别人的幸福与快乐，那么这个世界一定会充满延绵不绝的幸福和快乐。

（四）结缘

"缘"可以有多种解释。从广义上说，"缘"是佛教的哲学基础之一。佛教认为，世间万事万物都由因缘和合而生。一切精神和物质现象都处于一定的因缘关系中，缘在则生，缘尽则灭。故佛陀云："此有故彼有，此生故彼生。"这种理论被称为"缘起论"。根据此论，没有任何事物可以离开"因缘"而独立存在。同理，每一个人也都与各种"因缘"息息相关。因此，人人都应惜缘。净慧长老驻世时曾说："用结缘的心态喝这杯茶，以茶汤的至味，同所有的人结茶缘、结善缘、结法缘、结佛缘。让法的智慧、佛的慈悲、茶的香洁、善的和谐净化人生，祥和社会。"

理解了茶道这四大功能，努力去实践这四大功能，从大处讲可以传承中华文明，促进民族复兴。从个人讲可以提升生活质量，实现快乐人生，开开心心地益寿延年。

勐海县旅游康养圣地勐巴拉

第二十八讲
中国茶道与儒家思想

儒家思想也称儒家学说，简称儒学。它是中华民族的主体文化，其核心主要由《四书五经》组成。中国茶道与儒家思想的关系主要体现在：儒家思想是中国茶道理论的思想源泉；儒士是弘扬中国茶道的主体；修习茶道既是儒士修身养性的途径，又是儒士诗意的生活方式。儒家思想对中国茶道的影响全面而深刻，主要体现在以下几个方面：

一、精行俭德的人文追求

中国茶道创立之初陆羽就提出了"精行俭德"这一理念。他在《茶经·一之源》中提出："茶之为用，味至寒，为饮最宜精行俭德之人。"联系陆羽生平，"精行俭德"可理解为行为专诚，道德高尚，言行谦卑，不放纵自己。"精行俭德"的思想源于《大学》开篇的第一句话："大学之道，在明明德，在亲民，在止于至善。"

二、积极入世的生活态度

儒家思想主张积极入世。儒学的宗旨是格物致知、克明峻德、修身养性，齐家治国平天下。对于如何"入世"，孔子认为："天下有道则见，无道则隐。"其意为若国家政治清明，天下太平，儒士应出来参政；若国家政治黑暗，则归隐于闹市或江湖。孔子的这一入世观，后来成了儒士决定自身进退的依据，并发展成为"达则兼济天下，穷则独善其身"的信条。

三、仁民爱物的高尚情怀

儒家学说崇尚"仁义"和"礼乐"，提倡"忠恕"和"中庸"，这些思想对中国茶道都有深刻的影响，其中"仁"对茶道的影响主要表现在两个方面。其一，"仁者，人也，亲亲为大"。这句话的意思是治理国家的关键在于人才，选用人才的根本要看他们的道德修养，而道德修养的核心是仁爱，仁爱的人才是可靠的人才。判断一个人是否为仁者，最重要的是要看他能否真心关爱自己身边的人。

其二，孟子发扬了孔子"仁者，仁也，亲亲为大"的思想，提出"亲亲而仁民，仁民而爱物"。即真正的仁者不仅仅关爱自己的亲人，而且能"老吾老，以及人之老，幼吾幼，以及人之幼。"不仅普施仁德于大众，还要泛爱天地万物，这是对"仁"的升华。

四、"茶味人生"的生活体验

历代儒士茶人都把品茶视为"茶味人生"的生活体验，但是感受因人而异。有的人品茶重在"以茶可雅志，以茶可行道"；有的人宣称"天赋识灵草，自然钟野姿"；有的人立志"啜苦可励志，咽甘思报国"；有的人自我陶醉于"茶烟一榻拥书眠"。主要表现为五种类型。

1. 忧患人生：常常借品茶抒发自己"先天下之忧而忧，后天下之乐而乐"的忧国忧民情结。

2. 闲适人生：暂时淡忘对远大目标的追求，放下胸中的期待、渴望、激情、焦虑、忧患等精神负荷，去"偷得浮生半日闲"，享受闲适、恬淡的平静生活。

3. 隐逸人生：无法实现"达则兼济天下"的雄心壮志，退而"穷则独善其身"，或隐于市井，或隐于江湖，以琴棋书画诗酒茶来自娱自乐。

4. 风流人生：自古名士皆风流，无论以何种名号品茶，大多数人内心还是把茶作为交朋结友，吟诗作画，赏月观花，甚至游戏风尘的媒介。清代诗人薛时雨的《一剪梅》写道："何处思量不可怜。清影娟娟，瘦影翩翩。一瓯香茗一炉烟。淡到无言，浓到无言。万斛闲愁载上船。灯黯离筵，筝咽离弦。酒阑人散奈何天。话又连绵，泪又连绵。"在茶道养生方面，我们并不排斥风流人生，但是更推崇"自在人生"。

5.**自在人生**：是儒家品茶的最高境界，也是茶道养生的最高境界。人们习惯把逍遥自在联系在一起，其实逍遥和自在是有很大区别的。"逍遥"是道家的理念，"逍遥"的鼻祖庄子"乘天地之正，御六气之辩，以游与无穷，是为逍遥"。"逍遥"是在旷达中隐含着对生活的无奈和对现实的逃避，隐含着寻觅世外桃源的冲动。而"自在"是彻悟之后灵魂的破茧成蝶，是"云在青天水在瓶"的自然，是"青山不碍白云飞"的超脱，也是"满抱皆春风和气，此心即白日青天"智慧。有了"自在"之心，这个世界便会"山花开似锦，涧水碧如蓝。"人生也可随心、随欲，了无挂碍。所以，茶道养生追求的最高境界就是"自在人生"。

苏东坡一生仕途大起大落，曾多次被流放，晚年更是颠沛流离、苦楚不堪。但他以茶道润泽心灵，虽然历尽凄风苦雨，仍然能"身如不系之舟"，在人生的苦海中自在漂泊，自由歌唱，为我们树立了一个"大自在"的光辉榜样。面对凄风苦雨

茶味人生

自在人生

的流放生活，他"超然于物外，无往而不乐"。面对自然环境的变换，他"通脱自适，触处生春"。起风了，苏东坡曾言："一点浩然气，千里快哉风""食罢茶瓯未要深，清风一榻抵千金。"下雨时他说："殷勤昨夜三更雨，又得浮生一日凉。"月圆时他说："挟飞仙以遨游，抱明月而长终。"月缺时他说："人有悲欢离合，月有阴晴圆缺，此事古难全。"花开时他说："且来花里听笙歌。"花谢时他说："天涯何处无芳草。"苏东坡晚年总结自己的一生时曾自豪地写道："问汝平生功业，黄州、惠州、儋州"。论起功业，他不提自己曾在京城担任过无比荣耀的翰林学士知制诰，也不提自己曾做过位高权重的吏部尚书、礼部尚书、兵部尚书，更不提自己曾先后担任密州、徐州、湖州、登州、杭州、颍州、扬州、定州的太守等丰功伟绩，而是写自己最落魄时的流放地黄州、惠州、儋州。流放到这些地方时，苏东坡已年迈体弱、贫病交加，但是他能在苦难之地为民造福，他能在苦难中写出《赤壁赋》《后赤壁赋》《念奴娇·赤壁怀古》《汲江煎茶》等千古不朽的诗词歌赋，他能把最苦的日子过成诗一般的日子。我们修习茶道，就是要学习苏东坡以茶养身，以道养心，以艺娱己，实现自己的"自在人生"。

第二十九讲 中国茶道与道家学说

觉——习茶的根本

　　道家学说是中华民族传统文化的重要支柱，与我国文化、艺术和思想的许多领域都有着血肉相连的密切关系。如果说儒家思想是中国茶道的皮肉，佛教教义是中国茶道的灵魂，那么道家学说就是中国茶道的筋骨，它对茶道的影响主要有以下几个方面：①天人合一的整体观，②清静无为的养生观，③上善若水的道德观，④逍遥自在的幸福观。

一、天人合一的整体观

"天人合一"是我国道家哲学，乃至整个中国传统文化贯彻始终的主题，是中国艺术生命的集中概括，同时也是中国茶道的理论骨架。

"天人合一"的思想源于老子的《道德经》。在《道德经》中，老子提出："道生一，一生二，二生三，三生万物。万物负阴而抱阳，冲气以为和。"老子的这一观点是迄今为止表述宇宙生化过程中最简明、深刻、生动的公式。这一公式认定人与天地万物同根，世界万物都是由阴阳二气相激荡，相融合而生成的。后来，战国末年的《易传》继承和发展了老子的这一思想，提出了"天人合一"的哲学命题。在茶人眼里，"天人合一"是人与自然关系的整体观，包括了人与自然合体、与天地合德、与四时合序这三个方面。

（一）与自然合体

人与自然合体，是指受"天人合一"思想的影响，茶人从内心里认同"我与天地同根，与万物一体"，因此心灵深处有亲近自然、回归自然的强烈愿望。这种愿望在茶事活动中表现出"人化自然"和"自然人化"两种不解的情结。

"人化自然"是指在茶事活动中，茶人乐于把自己视为大自然的一个有机组成部分，在思想感情上能与自然交流无碍，在人格上主动与自然比德，达到"独与天地往来"的忘我境界。

"自然的人化"即自然界万物的人格化、人性化。在茶人眼中大自然不仅是有生命的，而且是有感情的，是通人性的。自然的人化表现在多方面。曹松品茶"靠月坐苍山"，郑板桥品茶邀"一片青山入座"，这是山水的人化；曹雪芹品茶"金笼鹦鹉唤茶汤"，戴昺品茶"卧听黄蜂报晚衙"，这是生灵的人化；孙樵把茶称为"晚甘侯"，皮日休之子皮光业把茶称为"苦口师"，这是茶的人化。有了"人化自然"的思想，就能发自内心地感悟大自然之美。有了"自然的人化"，则会细腻体会到大自然的亲切与温馨。正因为有了道家"天人合一"的思想，中国茶人便最能领略到"情来朗爽满天地"的品茶激情，也最能体悟到"更觉鹤心通杳冥"的品茗之趣。

（二）与天地合德

如果说"与自然合体"是茶人回归自然的潜在渴望，那么"与天地合德"则是茶人自觉的精神追求。《周易》明确提出："天地之大德曰生。"这句话是指天地最高尚的德行是生育万物。

人生在世，不仅情感上要与自然亲近，道德上也要与自然契合。在茶道养生方面，要做到四时有别，要根据二十四节气的变化来调整以茶养生的方法和养生的重点，而且要顺应每日二十四时的变化，根据自己的"生物钟"来安排自己如何喝茶。

茶人"与天地合德"，其根本就是在茶事活动中遵循天地生生之大德，贯彻尊人、贵生、乐生、养生的思想。

（三）与四时合序

"与四时合序"是指人不但要顺应大自然的发展变化，还要跟上大自然发展变化的节奏。庄子在《庄子·养生主》中曾提出"安时而处顺，哀乐不能入"，讲的就是这个道理。人生在世，不仅情感上要与自然亲近，道德上也要与自然契合。在茶道养生方面，要做到四时有别，要根据二十四节气的变化来调整以茶养生的方法和养生的重点，而且要顺应每日二十四时的变化，根据自己的"生物钟"来安排自己如何喝茶。

二、清静无为的养生观

道家养生经典《丹阳真人语录》中把老庄的养生理论归纳为"十二字真诀"，即"清静无为，逍遥自在，不染不著"。从此，"清静无为"成为道家养生的根本。老子、庄子"清静无为"的养生思想在茶道养生中主要表现为"清心体道，宁静致远"和"道法自然，返璞归真"这两个方面。

（一）清心体道，宁静致远

所谓"清心"是指"少私寡欲，知足常乐"。简而言之，"清心"即营造一颗"虚静空灵"之心。只有这样才能洞察万物，彻悟人生，

作者向时年118岁的人瑞刘彩容赠送武夷星大红袍

体道延年。

"宁静致远"出自诸葛亮的《诫子书》："夫君子之行，静以修身，俭以养德，非淡泊无以明志，非宁静无以致远。"意思是品德高尚的人，通过使自己内心清静来加强自身修养，通过约束自我来培养良好的德行。如果做不到淡泊，就无法认清自己的志向。如果没有宁静的心态，就不能达到高远的境界。茶道所追求的高远境界并不是指为自己设立一个远大的目标，而是指自我设计一种完美的人格和淡泊的生活方式。

（二）道法自然，返璞归真

老子《道德经》中有云："人法地，地法天，天法道，道法自然。"道家认为，人在自然中生活必须自觉遵循大自然的规律。"人法地乃得全载，地法天乃得全覆，天法道乃得生生不息"，道法自然乃是遵循自然的客观规律，这四者层层递进，环环相扣，揭示了人类认识事物由表及里，由浅入深的规律，同时也突出强调"自然"才是道的最高准则，是道的最本质的属性。返璞归真指的是回归道之本真。

三、上善若水的道德观

老子云："上善若水。水善利万物，而不争；处众人之所恶，故几于道。"意思是说，最完美的"善"应像水一样，普惠万物而不相争；水处在众人都厌恶的污秽、湿浊之地而安然无恙，故水的品格几乎接近于道。正因为水不与任何事物相争，自然不会遭到嫉恨和怨怼。道家"上善若水"的思想，对中国茶道产生了深刻的影响，后来逐步发展成为茶人"精行俭德"的人文追求。

四、逍遥自在的幸福观

关于对幸福的理解，道家茶人自有自己的幸福观。道家认为："凡物各有其自然之性。苟顺其自然之性，则幸福当下即是，不须外求。"庄子认为，心灵顺应自然规律，跳出万物束缚，达到忘记形骸，不求功利，不求虚名，与道合一，这种逍遥自在的境界，便是人生最大的幸福。

庄子的这一思想哺育出了茶人与世无争的旷达心胸和逍遥自在的精神境界。逍遥境界是舍弃私我，不求名利的境界，是能跨越时空，

让自己的心灵自由翱翔的境界。逍遥之人是不为事苦、凡事达观、心胸开阔的。在逍遥自在的茶人眼中，生命是一个短暂的过程，而生活是对生命过程中百味的体验。茶人们常讲"茶味人生"，便是说人生如茶，个中百味都应当坦然接受。怀才不遇时，不顾影自怜，而是深信"天生我材必有用"；功成名就时，不沾沾自喜，而是"直挂云帆济沧海"，不断追求新的体验。

武夷星茶树品种园

第三十讲

中国茶道与佛教

佛教教义是中国茶道的灵魂。佛教与中国茶道的关系充分体现了中国茶道的包容性，同时也深刻反映了中国茶道澡雪心灵的功能。本讲主要介绍当下僧俗两界热议的四个主题：①茶禅一味；②无住生心；③活在当下；④一期一会。

一、茶禅一味——习茶悟道的根本

（一）"茶禅一味"的思想基础

茶禅一味的思想基础主要表现在苦、静、凡、放四个方面。

1. 苦：佛理博大无垠，但以"四谛"为总纲。释迦牟尼悟道后，第一次在鹿野苑开坛说法，讲的就是苦、集、灭、道"四谛"之理。四谛以苦为首，那么，人生有多少苦呢？佛教认为有生苦、老苦、病苦、死苦、怨憎会苦、爱别离苦、求不得苦、五取蕴苦。佛教说苦的目的是让人们正视人生的痛苦，并进一步找到痛苦的根源，从根本上解除痛苦，这便是"苦海无边，回头是岸"。佛教讲"苦"，茶道也讲"苦"，虽然"此苦非彼苦"，但都强调悟道之人要能坦然地接受"苦"和"苦后回甘"，并能从中品悟出人生百味。

2. 静：茶道四谛"和静怡真"，把"静"作为达到心斋坐忘，涤除玄鉴，澄怀味象的必由之路。禅也主静，佛教禅宗本身就是从静虑中创建出来的。佛教界有"拈花微笑"的公案，讲述佛祖如来在灵山法会上拈花示众，不言不语，当时众皆默然，不知所措。只有迦叶尊者破颜微笑，心领神会。于是佛祖即宣布"吾有正法眼藏，涅槃妙心，实相无相，微妙法门，不立文字，教外别传，付嘱摩诃迦叶"。佛祖在不言不语的拈花微笑中，创立了禅宗。禅宗传到中国后，初祖达摩面壁；二祖神光立雪；三祖僧璨隐思空山，萧然静坐；四祖道信即嗣祖风，摄心无寐；五祖弘忍栖神山谷，远避嚣尘，都是静虑的典范。禅须静参，茶须静品，有慧根悟性的人都是在静中明心见性。

3. 凡：佛教教义认为，佛法即在平凡的日常生活中，修习"禅茶"正是要求人们从喝茶这样平凡的小事中去契悟大道。六祖慧能有"佛法在世间，不离世间觉。离世觅菩提，恰似求兔角"的偈言。据宋代释道原所撰的佛教史书《景德传灯录》中记载，修行生活就是"晨起洗手面，盥漱了吃茶。吃茶了，佛前礼拜。归下去打睡了，要真正明白什么是"茶禅一味",赵朴初居士说得好:"七碗受至味,一壶得真趣。空持百千偈,不如吃茶去"。

起来洗手面,盥漱了吃茶,吃了茶东事西事"。僧俗两界千年以来津津乐道的赵州"吃茶去"公案。说白了就是指引信众困了就睡觉,饿了就吃饭,渴了就喝茶,在日常平凡琐事中去契悟大道。

4.放:人生在世,一切苦恼都是因为"放不下",所以佛教修行特别强调"放下"。近代高僧虚云法师认为"修行须放下一切方能入道,否则徒劳无益。"修习佛教强调"放",品茶也强调"放"。放下手头的工作,偷得浮生半日闲,放松一下自己紧绷的神经,放松一下自己被禁锢的心性。放下种种思虑,不必千般求索,万般计较,让自己融入淡淡的茶香,让茶汤为自己洗心涤髓,澡雪心性。放下外界社会和自己强加在心头的荣辱、得失、悲喜及各种心事,让心灵空朗澄静。只有这样,才能通过品茶来品味人生;只有这样,才能在品茶过程中悟出茶禅一味的茶道真谛。

"茶禅一味"还表现在禅修与茶道都不重在看书或背诵理论知识,而是重在个性体验如人饮水,冷暖自知。要真正明白什么是"茶禅一味",赵朴初居士说得好:"七碗受至味,一壶得真趣。空持百千偈,不如吃茶去"。

（二）"茶禅一味"的茶学意境

精通佛法的文人，在茶诗中常有耐人寻味的禅意，让人读后如闻晨钟，心智警醒。如唐代武元衡的《资圣寺贲法师晚春茶会》：

> 虚室昼常掩，心源知悟空。
> 禅庭一雨后，莲界万花中。
> 时节流芳暮，人天此会同。
> 不知方便理，何路出樊笼。

诗中的虚室是禅,天雨是禅,花开是禅,日暮是禅,心源悟空是禅,脱离思想的樊笼更是禅。

二、无住生心——幸福快乐的源泉

什么是"无住生心"呢？它包括了两层含义：其一是无住，其二是生心。

（一）"无住"的哲学思想

所谓"无住"，就是彻底看破，彻底放下，使自己的心无执念、无依赖、无挂碍、无妄想。《金刚经》的结尾，佛祖用一首偈为众生指点了迷津："一切有为法，如梦幻泡影，如露亦如电，应作如是观。"

此偈的大意是，宇宙人生都是一场梦。梦是总喻，幻是空喻。人的生命乃至星球都像气泡一样脆弱，像影子一样不真实，像早晨的露珠一样易逝，像闪电一样一闪即灭。人生短暂，世事无常，一个人即使能长寿，也如白驹过隙，一眨眼已是百年身。既然世界万物都如梦幻、泡影，我们的心还有什么可挂碍的呢？悟透了这一点，自然就会将妄想、分别、执念都放下，这样就有了"无住"的平常心，在工作和生活中也就都能拿得起、放得下。生活自然会远离烦恼、忧虑、畏惧，就会充满法喜、自在、安乐。

（二）"生心"的内涵

茶人在"无住"之后，还要"生心"。生心是指在自性清净后生起的真诚心、慈悲心、平等心、随喜心。"无住"是破，"生心"是立。对修习茶道者而言，生慈悲心最重要。"慈"是博爱，是给人以温暖；"悲"是怜悯，是使人脱离苦难。"生心"首先要求人们要用真诚的博爱之心来关爱世间万事万物，怜悯体贴天下众生。

有了"慈悲心"还远远不够，还要生"平等心"。禅者认为"禅心无凡圣"，茶人认为"生命无贵贱"。在禅者和茶人的眼里一切生命都同样宝贵。生命就像花朵，牡丹、丁香，春兰、秋菊……无论什么花都能展示自己生命的风采，散发自己灵动的芬芳。一切生命都没有高低贵贱的差别。无论是雄鹰还是麻雀，无论是天鹅还是画眉，它们都能自由飞翔，并在飞翔中赞美生命的高贵。人有了"平等心"，就不会去嫉妒或觊觎他人，不一定是海中之鲲，但是却可以是一条活泼快乐的小鱼儿；不一定能化作大鹏，但可以成为一只心怀感恩，并愉悦地自由歌唱的小鸟。

三、活在当下——人生智慧的心灯

活着是一件非常美好的事，但是怎样活才能更美好？苏格拉底曾说过，"真正带给我们快乐的是智慧，而不是知识。"只有智慧才能使人真正了悟自性，使自己活得自在真实。何为智慧？我们认为佛法中"活在当下"即人生的大智慧。

"活在当下"即彻底明白往世不可追，来世不可期，只有珍惜当下，享受当下才是真实的幸福。一行禅师有一首《喝茶》偈，看似简单却禅意浓浓。诗曰："手捧茶杯，保持正念。身心安住，此时此刻。"此诗强调品茶时要保持正念，去体会当下的快乐。看茶烟袅袅，心好像也要随茶烟飞升，这种感觉真好；看茶芽在杯中舒展，像是又回到它生命的春天，这种感觉真好；闻到茶的香气好温馨，像是孩子闻到母亲的气息，也像是母亲闻到婴儿身上的奶香，这种感觉真好；品一口热茶，无论多苦，它都会回甘，好像过去生活中经历的一切苦，都变成了当下的甜，苦尽甘来，这种感觉真好！活在当下，即清醒地意识到我活在此时此地。"生命就在呼吸之间"，当下可能是人可以好好生活的唯一一刻，要珍惜它，好好珍惜它！有了"活在当下"这盏人生智慧心灯，

茶道即人道，亦即人心与人心的交流之道。古往今来的茶人都以"一期一会"作为处世的法宝。在这方面唐代茶圣陆羽堪称典范。

人便好像睁开了慧眼，当下的一切都显得天蓝海碧，格外美好。

四、一期一会——为人处世的法宝

（一）"一期一会"的思想内涵

"一期一会"是茶道很重要的一个理念，它脱胎于佛教的因缘观和广结善缘的思想，后来发展成为茶会的准则。"一期一会"的思想要求茶人从内心明白，人与人之间的每一次相聚都是一生中的唯一，都不可能再重复，因此要彼此珍惜。作为主人，相聚前要做好精心的准备，在相聚时要真诚待客、真心沟通。佛教"广结善缘"的思想与实践，团结了广大信众，使佛教香火鼎盛。茶道则把"一期一会"的思想作为广结茶缘的法宝，在茶事活动中重视与每一个人结缘，从而使茶道精神发扬光大。

（二）"一期一会"的典范

茶道即人道，亦即人心与人心的交流之道。古往今来的茶人都以"一期一会"作为处世的法宝。在这方面唐代茶圣陆羽堪称典范。唐代十分重视出身和门第。陆羽是个弃儿，长大后是一介布衣寒士，但是因为他以"一期一会"的精神与人相处，所以在交友方面创下了奇迹。据唐代史书记载："天下贤士大夫，半与之游。"即全国有一半贤达之士都和陆羽交过朋友。仅《全唐诗》中收录的与陆羽有唱和的著名诗人就多达五六十人。陆羽的朋友中有位高权重的大

政治家、大书法家颜真卿，有天宝年间的状元皇甫冉，有大历十才子之一耿讳，有高僧皎然和尚、灵一和尚，有著名的道士张志和、李季兰，有名扬千古的诗人崔国辅、孟郊、刘长卿等。这些名流对陆羽都广有赞美之辞。耿讳高度概括了陆羽的才华，夸他"一生为墨客，几世作茶仙"。

第三十一讲 中国茶道与美学

茶道即茶人追求至真至善至美之道。从宏观来讲，茶道美学是茶人对现实生活中诸多审美观的哲学思辨。从微观上讲，茶道美学影响着茶人的身心健康和生活质量。因为茶道本身要求我们以美学的精神看待日常生活，主张使平庸乏味的生活变得富有诗情画意。同时，茶道还要求我们用美学的眼光认识自己，倾听自己，超越自己，使自己从"我执、法执"的压抑状态下解放出来，让自己永远用充满率真和童趣的心灵去体验生活。一个人如果没有美学的眼光，那么他就像背对着太阳，永远只能看到自己投射在地上的阴影。而有了美学的精神，我们则能读懂月亮的诗篇，听懂花的吟唱，做到"生如夏花之绚丽，死如秋叶之静美"。

爱美之心人皆有之，人们往往执着于追求灵肉双美的人生理想。在美的追求，美的观照，美的熏陶中，一方面使人得到"至美""天乐"的精神愉悦。另一方面，如庄子所言"圣人者，原天地之美而达万物之理。"通过审美有助于我们洞察天地万物之本真，最终彻悟大道。

从茶道美学角度看，美学和茶有相通之处：在平平淡淡的一杯白开水中加入几片茶叶，杯中便荡漾起生机勃勃的绿色，飘散出醉人的芬芳，水也有了说不清、道不明的美妙滋味。在平凡的生活中，学习一些美学理念，枯燥的生活便马上变得诗意盎然，富有情趣。所以，修习中国茶道必须要认真学习茶道美学。中国茶道美学的基本理念主要包括"天人合一，物我玄会""知者乐水，仁者乐山""涤除玄鉴，澄怀味象""道法自然，保合太和"四个方面，和中国茶道审美要领，以及茶道美学的表现形式。

一、天人合一，物我玄会

（一）"天人合一，物我玄会"的含义

"天人合一，物我玄会"是中国茶道美学的哲学基础，是茶人人生观的反映，是中国茶道生命精神的集中概括，是中华传统文化的主体。"天人合一"的理念使茶人深信，人是大自然创造的生命体，大自然是人类的母亲，在人的心中潜藏着回归自然，亲近自然的强烈渴望。同时大自然也是有感情色彩的，只是"天地有大美而不言"。天地之大美需要人去发现、去感悟。

"物我玄会"是和"天人合一"相辅相成的一个茶道美学概念。"物"是指审美客体，"我"是指审美主体。"玄会"是指审美主体在确信"天人合一"的基础上，从心灵深处发出对审美客体真挚的爱，努力超越人类自身的生理局限性，从精神上泯灭物我界限，全身心去与客体进行情感交流，通过物我相互引发，相互融通，最终达到"思与境偕""情与景冥""与道会真"的境界。

（二）"天人合一，物我玄会"的三种美学境界

在茶事活动中，要达到美学所追求的最高境界一般要经历寄情于山水，忘情于山水和心融于山水三个境界：第一个境界是寄情于山水。茶字很奇妙，上边草字头，下边木字底，中间是人字。人在草木中，如同人生活在大自然的怀抱里。茶人以茶修身养性，都渴望寄情于山水，到大自然中去寻求美，感悟美，用美润泽自己的心灵，哺育自己的灵魂。

第二个境界是忘情于山水。品茗忘情于山水，也是历代茶人时常吟咏的境界，传诵千古的名篇很多。例如，唐代诗人刘得仁所作《慈恩寺塔下避暑》：

古松凌巨塔，修竹映空廊。

竟日闻虚籁，深山只此凉。

僧真生我静，水淡发茶香。

坐久东楼望，钟声振夕阳。

刘得仁既没有写山，也没有写水，但是从诗中可以看出他在静静地品茶，久久地坐在唐玄奘翻译经书的慈恩寺大雁塔下沉思，忘记了时间的流逝，直到"钟声振夕阳"才使他警醒。这首诗写得很含蓄，富有禅意。

第三个境界是心融于山水。中国古典美学的创始人老子认为"大音希声，大象无形"。美本于道，而道是最高层次的美。心融于山水，只可意会不可言传，如果一定要求索，只能靠先哲的妙语加上自己的妙悟之后抒发一些感慨。心融于山水的境界即"物我玄会"的境界。即人与物、情与景高度融合的境界。即从实景中生禅意，从有限中生无限，从缥缈中见韵致，从空灵处见精神。在这一刻，人与自然完全融为一体，个体的生命融入刹那终古。一滴万川，有限无限，片瞬永恒。我即茶，茶即我，我与自然一体。这正是苏东坡所说的"一点浩然气，千里快哉风"。也正是卢仝所说的"两腋习习清风生"。有了这种心境，体悟到了大自然的"至美"，茶人的心灵就得到了"天乐"的润泽。现代医学认为，人与自然的和谐是人身心健康的支柱之一，所以依照"天人合一，物我玄会"的茶道理念去亲近大自然，不仅可达到审美的最高境界，而且有益于人的身心健康。

二、知者乐水，仁者乐山

孔子提出"知者乐水，仁者乐山"，创立了审美的"比德"理论，"比德"理论是中国茶道美学的人学基础。"比德"理论要求美必须符合人的道德要求。这说明审美主体在审美过程中带有明显的选择性，偏爱与自己品德和人格相通的东西。这种审美选择表现在古代茶人营造品茗环境时对松、竹、梅、兰推崇备至，称其为"四君子"。

茶人爱松，因为松树古貌苍颜，铜枝铁干，下临危谷，上干云霄，傲雪凌霜，冷翠凝碧，如茶性，亦如茶人之心性。与松相伴品茗赏艺，更增野趣，更助幽兴，更见高情。

茶人爱竹，因为竹"未出土时便有节，及凌云处仍虚心"，与君子之风相吻合。

茶人爱梅，因为梅花在苦寒中孕蕾，在冰雪中怒放，傲骨冰心，透着一份豪气、一份孤傲、一份冷艳。它芳洁高雅，香远益清，即使零落成泥碾作尘，仍然香如故。所以在"比德"理论的渲染下，梅花是高洁守道的凛然君子，是"国魂"的象征。"国魂"与"国饮"相得益彰，真是珠联璧合。

茶人爱兰，因为孔子曾说"芝兰生幽谷，不以无人而不芳；君子修道立德，不为贫困而改节。"中国茶人以物明志，常用空谷幽兰比喻自己坦荡的君子襟怀，常用兰花的"王者之香"比喻自己芳洁的高尚情操。

有了"涤除玄鉴、澄怀味象"的审美理念，我们就有了一颗澄净空灵的闲适之心，就能观照到"春有百花秋有月，夏有凉风冬有雪。若无闲事挂心头，便是人间好时节"。

"比德"理论，体现了中国的传统美德。在"比德"理论的影响下，形成了我国茶道追求"真善美"的优良传统，以及中国茶艺注重表现"真善美"的艺术风格。发扬光大"比德"理论，有利于茶人提高道德修养，构建良好的社会环境，以期实现"以道养心""以德增寿"。

三、涤除玄鉴，澄怀味象

"涤除玄鉴，澄怀味象"是中国茶道审美观照的方法论基础。洗净污垢称之为"涤"，扫去尘埃称之为"除"，古代把镜子称之为"鉴"。"道"即"玄"。"涤除玄鉴"包括两个层次。第一层是要求茶人彻底来一次心灵"大扫除"，排除内心欲念和主观成见，摒弃一切教条迷信及俗世强加给我们的种种"真理"，做到去私除妄，使内心达到一私不留、一妄不存、一尘不染，创造一个光明莹洁，空净玲珑的心灵。第二层是让空灵的心去实现审美观照。有了这种审美观照，无论是"骏马秋风塞北"，还是"杏花春雨江南"，无论是鹰飞鱼跃、猿啼虎啸，还是花开叶落、宇宙洪荒、天地玄黄，万象之美也都了然于胸。

"澄怀味象"是南朝山水画家宗炳提出的审美理论，是对"涤除玄鉴"这一哲学命题的发展和补充。"澄"者，水平静而清澈之意。澄怀是使自己的心胸襟怀达到虚静空明。"味象"是生命本性对客体的审美过程。这里所说的"味"不是指味觉之味，也不是简单的"品味""体味",而是用心灵去妙悟。有了"涤除玄鉴、澄怀味象"的审美理念,我们就有了一颗澄净空灵的闲适之心,就能观照到"春有百花秋有月,夏有凉风冬有雪。若无闲事挂心头,便是人间好时节"。

四、道法自然,保合太和

"道法自然"出自老子《道德经》。"人法地,地法天,天法道,道法自然。"老子这句话的原意是指人不违地,乃得全安,所以人应效法于地;地不违天,乃得全载,所以地应效法于天;天不违道,乃得全复,所以天应效法于道;而道不违自然,乃得其性,故道应效法自然。在这里的"道法自然"是指"道"以自然为旨归,其本性就是"自然而然",这是不以人的意志而改变的。要实现"道法自然"之美,从方法论方面,庄子提出一个"真"字。他认为"不真不诚,不能动人"。庄子是我国美学史上第一个宣扬以"真"为美的人。他这里所说的"真",不是指客观上的真实,而是指人的内心精诚之至,并且不加雕饰、率性任真自然地表现出来。

在茶事活动中,"真""无为""无我""素朴"都包含在自然之中。只有自然之物才是真物;只有自然表露才见真情;只有自然无为,才不违真性;只有自然"无我",才能感悟真美;只有自然朴素,才能做到"天下莫能与之争美"。遵循"道法自然"这一法则,我们在茶事活动中就能去私除妄,与道会真,取得"天乐"。

就能求得审美享受，获得心灵自由。

"保合太和"与"道法自然"是矛盾的对立统一体，是一组相辅相成的美学概念。"道法自然"是要破除一切人为的束缚，力求达到与道会真的自然之美。而"保合太和"则是以孔子提出的"乐而不淫，哀而不伤"为准则，在"文"与"质"之间求得人为的平衡，达到儒家追求的中庸之美。而茶人受茶道美学的熏陶，心态平衡，心静如水，人淡如菊。他们满脸写着感恩与知足，神情祥和淡定，举止安详从容，在红尘中显得格外洒脱。

另外，中庸之道也是中国茶道美学的一条基本原则，始终贯穿于茶事活动的整个过程。采茶时，茶芽既不可过老，又不可太嫩；炒茶时，火温既不能过高，又不能太低；泡茶时，投茶量既不宜太多，又不宜太少；冲水时，水温既不能过烫，又不能过凉；出汤时间既不宜太早，也不宜太迟。动作的力度刚柔相济，幅度舒展大方，速度与音乐丝丝入扣，快慢得当，张弛有度。背景音乐的音量适宜，等等。一切都表现出恰到好处的中和之美。

第三十二讲 倡导「新三纲五常」

在这一讲中，我们一起来探讨中国茶道的发展问题。我们学习茶道不仅是为了传承中华传统茶文化，还要在传承的基础上创新传统茶文化，发展中华茶文化。"天下兴亡，匹夫有责"，过去，传统文化崇尚以道德立世，以诚信传家，以"三纲五常"为基石。三纲五常的思想是孔子首先提出的，西汉时期的董仲舒在《春秋繁露》中将其加以推广。"三纲"是指"臣以君为纲，子以父为纲，妻以夫为纲"，这些显然都是封建糟粕，是不符合新时代发展需要的，我们必须彻底抛弃。五常是仁、义、礼、智、信。这些美德无论在任何时代都是值得倡导的。六如茶文化研究院在弘扬中华民族茶文化的实践中尝试

色即是空，空即是色

用"旧瓶装新酒"，提出以"新三纲五常"作为新时代茶人的道德基石。

一、"新三纲"

"新三纲"是指"以和为纲，以爱为纲，以美为纲"。

（一）以和为纲

"和"是中华民族的哲学思想核心，源于《周易》中的"保合太和"。保合太和揭示了生命的本源，得到了儒释道三教的共同体认。儒家从"太和"的哲学理念推衍出"中庸之道"的中和思想。在儒者眼里，"和"是中，"和"是度，"和"是指一切都"恰到好处"，既无太过又无不及。在人与自然的关系上，"和"表现为"亲和自然"，天地万物与吾一体，"欣合和畅，原无间隔"。在人与社会的关系上"和"表现为"礼之用和为贵"。在人与人的关系上强调"和气""和蔼""和睦""和衷共济""和气生财""谦和待人"。在不同的文化方面，"和"强调"和而不同，违而不犯"。在国与国的关系上，"和"倡导和平共处。儒家的中庸之道把"和"的思想发展到一个新的高度。

道教也讲"和",道教认为万事万物都由阴阳两个要素构成,提出"万物负阴而抱阳,冲气以为和"。他们认为"生是阴阳之和,道是阴阳之变"。在养生方面,道家讲"致清导和",即身体内的阴阳二气要和谐,这样人才能健康。在为人处世方面,道家讲"和其光,同其尘"。这些看似简单,实际上内涵丰富而奥妙。

儒家讲"和",道家讲"和",佛教更讲"和"。"禅茶一味"就是外来的佛教与中华本土文化相融合,是"和"的典范。佛教的"六和敬"精神既是丛林生活的规则,又是僧团的凝聚力。"见和同解,戒和同修,身和同住,意和同乐,口和无诤,利和同均"的"六和敬"精神对佛教的传承和发展都至关重要。

因为"和"是儒释道三教共同体认的哲学思想,所以我们把"以和为纲"作为中国茶道"新三纲五常"的第一纲。

(二)以爱为纲

"爱"是中国茶道最核心理念之一。从炎帝神农氏发现茶开始,就融会了大爱的精神。据《神农本草经》记载:"神农尝百草,日遇七十二毒,得荼而解之"。古文中的"荼"即现代的茶。神农时期没有医药,他作为部族的最高首领,看到族人生病后因得不到救治而失去生命,内心非常难过,于是立志研制药品。既然要制药,就必须了解原料的药性。他明知某些植物是有毒的,但他为了族人的健康甘愿以身试毒,这就是大爱的精神。茶的发现过程本身就是神农氏大爱精神光耀天地的表现。

惜墨如金的陆羽在《茶经》中浓墨重彩地写了《广陵耆姥传》这个有关爱的故事:晋元帝年间有一位六十多岁的老妪,每天早上提着一壶茶到集市叫卖。因为物美价廉，人们竞相购买，但她茶壶中的茶从早卖到晚也丝毫不会有所减少。每晚收工时，老妪就会把卖茶所得的钱全部施舍给路边的穷人和乞丐。这本来是做善事，但却有人告发说她是妖怪，官吏不分青红皂白将她逮捕入狱。到了晚上，只见天上红光一闪，老妪带着她的茶具从监狱的窗户飞天而去。

中华民族的复兴需要以爱为纲，中国茶道之爱是以孟子倡导的"亲亲而仁民，仁民而爱物"为指导思想。茶道之爱是倡导大家要真诚地爱每一个人。修习中国茶道养生就是要以心唤醒爱，以茶传递爱，让世界充满爱的阳光，让人人都能享受爱的温馨。

（三）要以美为纲

哲学大师冯友兰先生总结了人生的四重境界：自然境界、功利境界、道德境界、天地境界。天地境界也称为审美境界，这是超越世俗拥有宇宙情怀的境界，是人的终极修养。我们修习茶道当然要追求人生的最高境界。当代作家、画家木心先生曾说："没有审美能力是绝症，知识也救不了。"吴冠中先生认为我国现在"文盲不多，美盲很多"。教育家蔡元培先生除提倡"实业救

六如茶文化研究院在弘扬中华民族茶文化的实践中尝试用"旧瓶装新酒"，提出以"新三纲五常"作为新时代茶人的道德基石。

国"外还曾呼吁"科学救国，美学救国"。中国发展要走在世界前列，不仅要靠科学，还要靠美学。因为科学和美学都是一个国家的软实力。一个民族的文化艺术综合素养是由美学决定的，爱美之人才能成为富有情调、懂得生活情趣的人。我们修习茶道，就是要把美引入我们的生活，提升我们对美的感悟能力和对美的表现能力。用美陶醉自己，用美感染他人，用美将社会变得更加美好。

二、"新五常"

（一）常觉得"今是而昨非"

"今是而昨非"典出陶渊明的《归去来兮辞》，意为人应当不断否定自己。因为人们对客观的认识是不断深入的，如果一个人觉得自己什么都对，永远正确，那么他一定不会再进步。我们认为，茶人应当做一个勇于追求真理，善于否定自己，不断进步、发展的人。

（二）常怀着感恩之心处世

感恩，就是明白自己的生存离不开外部环境和社会，更离不开他人。感恩之心是对自然，对社会，对他人心存感激、立志回馈的一种心态，是一种乐于真情奉献而不求回报的美德。感恩之心是一个人应当具有的基本良心。有了感恩之心，人们就会主动用爱心拥抱世界，人间就会因此充满相互关爱。有了感恩之心，真情能得到恒久的维系。有了感恩之心，生活因此能演奏出真善美的旋律。有了感恩之心，生命之花就会得到爱的润泽并开得更加艳丽。

（三）常以茶广结善缘

佛教讲缘，茶道也讲缘。佛教讲结佛缘，结法缘，以缘接引众生、普度众生。茶道以茶广交茶友，惠及茶友，广结茶缘、善缘。佛教信众因缘而聚，慈航普度，共沐佛恩。茶人因缘而聚，同品佳茗，结为挚友。这样可以团结更多的人，一起来研究传统文化，弘扬传统文化，复兴中华茶文化。

（四）常怀着童心探索童趣

怀着童心探索童趣是非常重要的。因为喝茶有一个很大的好处，年轻人能喝成"冻龄族"，年龄"冻"在那里不再增长，永远年轻。老年人能喝成"忘龄族"。大家都永葆童心，探索童趣，天天看到的都是新鲜事，天天享受好时光。

（五）常仰望星空，叩问心灵

仰望星空是一种哲学的思索，我们看到太空浩瀚无垠，宇宙漫无边际，才能更真切地认识到自己极其渺小。我们只是宇宙中一粒微不足道的尘埃，不知从何处来，也不知往何处去，一切都"如梦如幻如露如电如泡影"，我们所能做的只有"惜花惜月惜情惜缘惜人生"。真正明白了我们只是宇宙间的一个匆匆过客。

叩问心灵是要问自己："人生难得今已得，这难得的一生我们应当如何度过才不虚度，非一场梦？"茶人的答案一定是："做自己热爱的事，爱自己心爱的人！"

第三十三讲

从谂和尚的故事

林茶间作

　　唐代赵州出了一个传奇高僧——从谂和尚，从谂和尚俗姓郝，曹州郝乡（今山东菏泽）人，自幼厌于世俗，落发出家后师从南泉普愿禅师，是禅宗六祖慧能的第四代传人。离开南泉普愿禅师之后，从谂和尚云游四海，足迹遍及大江南北，与许多高僧大德有过交往。他曾经说："七岁孩儿胜我者，我即问伊；百岁老翁不及我者，我即教伊。"

　　唐大中年间，已经80岁的从谂和尚行脚到赵州。此时的他已名扬四海，当地的官府和佛教信众都恳请他留下住持观音院，他欣然允诺。当时的赵州贫穷落后，佛法未彰，民风不正，生活十分艰难。从谂和尚把自己在赵州住持观音院的经历写成了《十二时歌》，在诗中真实记录了自己的弘法生活。按佛家仪规，每日丑时就要起床做早课，但当时的他穷得甚至没有一件完整的衣裳。他在歌中幽默地写道："鸡鸣丑，愁见起来还漏逗。裙子褊衫个也无，袈裟形相些些有。褊无腰，袴无口，头上青灰三五斗。比望修行利济人，谁知变作不唧溜。"诗中描述的是自己起床后衣不遮体的窘迫情景。"裙子褊衫"指的是内衣，老和尚却一件都没有，只好披上破烂的袈裟去上早课。"褊无腰，袴无口"是形容袈裟破旧不堪。寅时，该吃早斋了，但是"荒村破院实难论，解斋粥米全无粒。"寺庙里的和尚们常常连煮粥的粮食都没有。到吃斋的时辰，"烟火徒劳望四邻。馒头煎饼前年别，今日思量空咽津。"看到村里家家户户升起炊烟，寺庙附近的百姓都生火做饭了，但是对老和尚而言，能吃到馒头、煎饼已是两年前的事了，如今回想起来只能空流口水。当时，最奢侈的美食便是有村民偶尔来烧香拜佛时留下供佛的油茶汤了。

《十二时歌》中也曾写到从谂和尚居住和礼佛的条件："思量天下出家人，似我住持能有几。土榻床，破芦席，老榆木枕全无被。尊像不烧安息香，灰里唯闻牛粪气。"诗中不仅刻画出了老和尚睡破芦苇席、枕老榆木，甚至连棉被都没有的凄凉。诗中还幽默的说，寺庙穷得连礼佛时要燃的"安息香"都烧不起，只能闻牛粪的臭气。

从谂和尚生活在极度贫苦之中，一直熬煎了三十多年，他在艰苦的生活中历练心境，忍耐了物质上的极度清贫，克服了精神上的凄凉与孤寂。从安贫守道到安贫乐道，从谂和尚在修行中生活，在生活中修行，他用真实的生活告诉人们"平常心是道"，开创了"生活佛教"。当时佛教界有个说法，南有"雪峰古佛"，北有"赵州古佛"，赵州古佛即指从谂和尚。他在观音院弘法近四十年，直到圆寂的前两年才得到燕、赵两王的供养，后被尊为赵州古佛。

从谂和尚在世 120 年，圆寂后谥为真际大师。唐朝的人均寿命只有 27 岁，老和尚却驻世 120 年。在那样艰苦的环境中，在那样清贫的条件下生活，从谂和尚为何能如此长寿？答案即是"以茶养身，以禅养心"。他留下了许多千古热议的禅宗公案，其中流传最广、影响最大的是"吃茶去"，也称为"三字禅"公案：

从谂和尚住持赵州观音院期间，声名远扬。有一天，两位僧人不远千里而来，要拜在他的门下修行。师问其中一人："以前来过赵州吗？"来者答："未曾来过！"师曰："吃茶去！"接着，从谂和尚又问另一位："以前来过赵州吗？"来者答："来过。"师云："吃茶去。"这时，站在一旁的监院看了觉得奇怪，就问从谂和尚："怎么来过的'吃茶去'，没来过的也'吃茶去'？"师唤了一声监院，监院应"诺"，师说："吃茶去！"

这个公案僧俗两界都参详了千余年，至今仍然见仁见智。我个人有两点感悟。其一，从谂和尚是六祖慧能的四世传人，他住持观音院弘法近四十年，终于根据亲身经历彻悟了六祖的谒："佛法在

赵州柏林禅寺（图片来自柏林禅寺公众号）

世间，不离世间觉，离世觅菩提，恰如求兔角。" 佛法就在吃茶、洗砵这样的日常生活中。其二，从谂和尚在那样艰难困苦的生活条件下能驻世 120 岁，实现长寿的经验之一也是"吃茶去"，即无论在多么艰苦的条件下老和尚都坚持以茶养身、以佛法养心，创造了生命奇迹。可见茶道养生是益寿延年的无上妙法。

第三十四讲

白玉蟾真人的故事

止止庵——白玉蟾修行处

　　白玉蟾是宋代时期的一位奇人，但是知道他的人并不多。他不仅是道教南宗五祖，还琴棋书画诗词散文养生等样样精通，件件成就非凡：《全宋诗》中收入他的诗有 1000 多首，《全宋词》中收录他的词有 135 首，《全宋文》中收录他的散文有 145 篇。因此，他被后人誉为"道教宗师第一笔"。更令人惊奇的是，当时的福州太守杨长儒也是一位书法家，他看到白玉蟾的草书时赞叹道"草圣龙蛇字满千，真仙游戏笔清圆"。事后，杨太守还念念不忘地在自己的《札子》中写道："字如从天而下，不由得惊喜下拜。"能让一位太守见字"惊喜下拜",可见白玉蟾的书法功力超凡脱俗,饱蕴仙风道骨。

白玉蟾自幼天赋异禀,年少时即熟悉《诗》《书》《礼》《易》《春秋》《道德经》等著名经典,他能诗赋,擅书画。据道教《神仙通鉴》记载,白玉蟾天资聪敏绝伦,髫龄时可背诵九经,十岁自海西至广城应童子科,主司命以"织机"为题赋诗,他应声诵曰:"大地山河作织机,百花如锦柳如丝。虚空云处做一匹,日月双梭天外飞。"诗句形象生动,气壮山河,内蕴惊人,但是主考官嫌他年少轻狂而不愿录取,白玉蟾淡然自若,拂袖而去。可见少年白玉蟾才华横溢,傲骨铮铮,绝非池中之物。

白玉蟾是如何走上学道之路,民间有许多不同的说法。他的徒弟彭耜在《海琼玉蟾先生事实》中记载,白玉蟾曾师从陈泥丸学道。陈泥丸即陈楠,是道教金丹派南宗第四代祖师。他见白玉蟾天资聪颖,且有笃诚之心,便将其收为弟子。在文中,彭耜为白玉蟾隐去了一段"狼狈不堪"、受尽屈辱的拜师求法经历,其实正是这段不堪回首的经历磨炼了白玉蟾的心智,折射出了白玉蟾超凡的人性光辉,为他后来的成就奠定了坚实的基础。

白玉蟾十六岁时决定离开海南岛渡海北上去拜师求法。对于拜师的过程,白玉蟾曾在自述诗中有所记载:他第一次离开家乡时,身上只带了三百文钱，出门不久便用完了，只能靠变卖衣服度日。他衣衫褴褛地走出广东，又走了十多天才走到福建的罗源县。经历了十几天的忍饥挨饿的苦楚，在万般无奈的情况下，他只好去寺庙给僧人作仆役来讨斋糊口。对于这件事，白玉蟾有诗曰：

> 争奈旬余守肚饥，埋名隐姓有谁知。
> 来到罗源兴福寺，遂乃捐身作仆儿。

在他离开广东进入福建后，正是炎炎夏日，石板路被太阳晒得滚烫，白玉蟾没有鞋穿，只得赤脚行走，双脚磨出了血泡，一瘸一拐地走到了建宁府。这时的他已经完全成了一个地地道道的小乞丐。他挨家挨户地讨饭，却没有一个人可怜这个衣不蔽体的小叫花。到了晚上，他想借别人家屋檐之下过夜，却又遭村里的老翁呵斥和驱逐。他在诗中写道：

> 家家门前空舒手，哪有一人怜乞儿。
> 黄昏四顾泪珠流，无笠无蓑愁不愁？
> 偎傍茅檐待天晓，村翁不许住檐头。

然而，白玉蟾丝毫没有放弃心中的追求，继续北上武夷山拜师。武夷山是道教"三十六洞天，七十二福地"的第十六洞天，称为"升真元化洞天"，这里有许多著名的道观，是修道的好去处。可是，没想到偌大的武夷山却容不下一个小小的白玉蟾。这里的道士都嫌弃他是个乞丐，怕玷辱了门庭而不肯收留。他在诗中写道：

恰似先来到武夷，黄冠道士叱骂时。

些儿馊饭冷熟水，道我孤寒玷辱伊。

　　武夷山的道士给了他一些残羹冷炙，让他吃完赶紧离开。白玉
蟾悲泣着下山，离开福建来到了江西龙虎山。龙虎山是道教圣地，
自古以"神仙都所""人间福地"而闻名天下。到了道教发源地，
白玉蟾想去上清宫叩拜天师，却因衣衫褴褛又一次被扫地出门。他
写道：

福建出来到龙虎，上清宫中谒宫主。

未相识前求挂搭，知堂嫌我身褴褛。

　　既然"神仙都所""人间福地"也容不得他，白玉蟾只好继续
前行。经过饶州，渡过鄱阳湖，到杭州时已时值寒冬，杭州城刚下
了七天七夜的大雪，白玉蟾夜宿城外的古庙，冰天雪地，饥寒交迫。
白玉蟾全靠体内精气不失，方才免于冻死。他在诗中写道：

记得武林天雨雪，衣衫破碎风刮骨。

何况身中精气全，犹自冻得皮迸血。

他在流浪的过程中"几年霜天卧荒草，几夜月明自绝倒"。他饱受饥寒之苦，不辞劳苦、不畏寒暑，没有半点松懈之心，也没有感到失望与凄凉，他安慰自己说："修道大事，切莫怨尤。我生果有神仙之分，前程自有师指点，受此饥寒劳苦，何足悲哉！"

历尽千辛万苦之后，白玉蟾终于拜在了陈泥丸祖师门下，得到祖师亲自传授的《九鼎金丹》之书后，"从师游海上，号海琼子，至雷州"。经过多年云游，当他再次来到武夷山时，"丑小鸭"已经变成"白天鹅"。对于这段经历，白玉蟾在自述诗中写道：

千古蓬头跣足，一生服气餐霞。

笑指武夷山下，白云深处吾家。

白玉蟾第二次到武夷山后住在"止止庵"，弘法于武夷宫冲佑观采隐堂。止止庵背靠大王峰，下临九曲溪，右邻水光石，左邻万春园，是一个深蕴天地灵气的风水宝地。仅仅"止止"二字就道尽了道家哲理。"止止"二字告诫人们：其一，人生"当行则行，当止则止"，要能做到该出手时敢出手，明月窗前能回头；其二，"止止"还要求人们要做到能"止其所止"，即找准自己人生坐标的最佳位置，并能心静神宁地安驻于这个人生的坐标点上。白玉蟾将这两个方面都做到了，并且都做得很好。后人董天工赋诗赞之曰：

天生异质不寻常，游到武夷法术良。

赤脚蓬头餐靡露，白云深处肆翱翔。

后来，白玉蟾在武夷山广收弟子，传播丹道，并吸收儒学和禅宗的精华，创出以修炼精气神为核心的"玉蟾功"。玉蟾功被后人尊为"东方神功"并流传至今。白玉蟾因创立紫阳派（又称内丹派南宗）而被尊为道教南宗五祖。南宋嘉定年间，被御封为"紫清真人"，世人则称他为"白真人""紫清先生"。道教宗师都十分重视修身养性，白玉蟾也非常热衷以茶来养生。在以茶养身，以道养心方面，他留下了许多脍炙人口的精彩诗篇，也留下来了以茶益寿延年的宝贵经验。

九曲棹歌十首（之七）

仙掌峰前仙子家，客来活火煮新茶。

主人遥指青烟里，瀑布悬崖剪雪花。

题清虚堂

月移花影来窗外，风引松声到枕边。

长剑舞余烹茗试，新诗吟就抱琴眠。

即　事

最不近情三月雨，偏饶清兴两杯茶。

知心半是窗前竹，滴沥声敲似暮笳。

武夷茶歌

味如甘露胜醍醐，服之顿觉沉疴苏。

身轻便欲登天衢，不知天上有茶无？

从上述四首诗可见，白玉蟾爱茶爱到了无以复加的地步。道士修炼的终极目标是"羽化成仙"。但是，白玉蟾在品饮了"味如甘露胜醍醐"的武夷茶之后，感到自己像是要御风飞升。此时，他的诗中不仅没有抒发他将要成仙的喜悦，反而写出了他心中的担忧。在诗的末尾，他从心底迸发出一问："不知天上有茶无？"言外之意很明显，如果天堂里没有茶，那么，就算不成仙也罢了。

白玉蟾修道既重视以茶养生，又重视以道养心。他修道养生的心得很多，对世人启发和帮助较大的有三句话：其一，学道之人，以养心为主。心动神疲，心定神闲。疲则道隐，闲则道生。胸次浩浩，乃可载道。其二，焚香烹茶，是道也。即看山水云霞，亦是道。胸中只要浩浩落落，不必定在蒲团上求道。其三，学道是乐事。乐则是道，苦则非道。但此乐不比俗人乐耳。

白玉蟾披头散发，不拘俗礼，放诞不羁，但在以文弘道方面却率性任真，硕果累累，在修身养性方面成就斐然，为世人所倾慕。白玉蟾既善于以茶养身，又善于以道养心，那么，他享年多少岁？但自古以来有"道不言寿"的说法，关于白玉蟾的阳寿一直以来都是一个谜。不过，他晚年在一首《水调歌头》中写道："今已九旬来地，尚且是童颜。未下飞升诏，且受这清闲。"大意是：我九十多岁高龄了，但是依旧还保持童颜未老，是因为玉皇大帝还没有下诏书令我飞升回归天堂，所以我只好留在人间继续享受清闲的生活。那么白玉蟾晚年究竟去哪里了？他的弟子彭耜给出了答案"莫知所终"。

第三十五讲
虚云和尚的故事

虚云和尚是我国当代高僧，他道行高古，著述颇丰，传禅门五宗家风，阅"四朝五帝"，志大行刚，悲深行苦，历经"九磨十难"，终成救世心愿，度人无数，世寿120岁。在圆寂之前，虚云和尚留下了辞世的两句话，大意是"反对我的人，你们不要再反对了，我马上就要走了；舍不

虚云和尚

得我的人，也不要再舍不得了，我去去就来。"今天，我们就来给大家讲讲虚云和尚和茶的故事。

虚云和尚俗姓萧，清代晚期（1840）出生于福建的一户官宦人家，父亲曾任福建泉州知府。他从小与佛有缘，自幼喜读佛典，在饮食上自戒荤腥，常年食素。他17岁曾离家出走，欲往南岳衡山皈依佛门，半途被父亲截回。因为虚云是独子，担负着传宗接、延续家族之重任。父亲和叔叔怕他再次离家出走，于是强行为他娶了两房媳妇，命他与田氏、谭氏二人举行婚礼，想用儿女之情拴住他的心。然而，虚云与二人虽共处一室却丝毫无染，反而常为田、谭二氏宣讲佛法，得到她们的理解后，于19岁时作《皮袋歌》留赠二人后便携从弟富国离家至福州鼓山涌泉寺剃度出家，次年在妙莲和尚座下受具足戒，终遂心愿。

虚云禅师一生极具传奇色彩，经历无数磨难，自云："阅五帝四朝，不觉沧桑几度；历尽九磨十难，了知世事无常！"所谓其"十难"是：一难，生为肉球；二难，饥寒雪掩；三难，痢疾待毙；四难，口流鲜血；五难，失足坠水；六难，大病顿发；七难，索断浸水；八难，险遭剖腹；九难，全身枯木；十难，遭匪毒打。这些磨难是常人无法想象的劫数，但虚云老和尚恒守戒律，精进不懈，最终都逢凶化吉，遇难成祥。

虚云老和尚是因茶而开悟的，《虚云和尚自述年谱》中有精彩的记载。光绪二十一年（1895）虚云时年虚五十六岁，在扬州高旻寺参加"打禅七"，这是一种极为隆重的修行方式，一般选择在冬季"打禅七"，七天为一个周期，每天从早四时至晚十一时，坐禅与经行交替进行。虚云和尚是在"打禅七"时开悟的。他在记载中写道："至腊月八七第三晚六枝香开静时，护七例冲开水，溅予手上，茶杯堕地，一声破碎，顿断疑根，如从梦醒。"虚云和尚自念出家漂泊数十年，历经九磨十难，若非排除了万难，不忘初心，坚持精进，几乎错付一生。于是作偈曰："杯子扑落地，响声明沥沥，虚空粉碎也，狂心当下息。"意思是：当杯子掉到地上摔碎时，清晰的响声传入了我的耳朵。在这一瞬间，我的耳朵里和我的心里，都只有这清脆的响声，周围的一切好像都不存在了，虚空仿佛彻底破碎了，刹那间我进入了无妄想、无杂念、无欲无求的状态。过去思虑不断的心出离了躯体，得到彻底的超脱，变得空灵虚静。虚云和尚在开悟后又作偈曰："烫着手，打碎杯，家破人亡语难开；春到花香处处秀，山河大地是如来。"还有"山花开似锦，涧水湛如蓝""竹密不妨流水过，山高岂碍野云飞""春风大雅能容物，秋水文章不染尘"，等等。这些

虚云和尚借助天上的新月，点亮了自己的心灯。他烹茶洗心涤髓，借茶水洗净了一切烦恼，洗净了新愁与旧愁。

都是觉悟的境界。

虚云老和尚因茶而开悟，同时也因茶而延年益寿。他以茶养身，使得原本虚弱之躯在艰难困苦的生活中活出快乐，享尽天年。他从小身体就不好，时常吐血，还曾得过痢疾，因修行还曾在冰天雪地中被冻了七天七夜，还有一次，他失足落水险些被淹死。为了报答母恩，他从普陀山起香，三步一叩拜，一直拜到山西的五台山，经过了风风雨雨，身体之所以能够撑得住，用的也是喝茶养生法。虚云和尚写了很多茶诗，每一首都饱含禅意，字字珠玑，对我们修习禅茶，以道养心，益寿延年都很有教益。下面为大家解读虚云老和尚的几首茶诗。

采 茶

山中忙碌有生涯，采罢山椒又采茶。

此外别无玄妙事，春风一夜长灵芽。

虚云和尚在《虚云修行法汇》中强调："悟道不一定皆从静坐得来。古德在作务行动中悟道者，不可胜数。"《采茶》诗中一句"此外别无玄妙事"生动活泼地体现了虚云"道不远人"的观点。

题寸香斋

寸香陪客坐，聊将水当茶。

莫嫌言语寡，应识事无涯。

这首诗的大意是："寸香斋"是深蕴禅意的品茗好去处，我在这里陪客人喝茶。喝什么茶并不重要，只要人心中有茶，水都可以当茶。不要嫌我少言寡语，语言都是寡淡无味的，要认识到佛理、佛法和事物都是无穷无尽的，只能靠心悟，无法用言语表达。

秋　月

此际秋色好，得句在高楼。

启户窥新月，烹茶洗旧愁。

这首诗看似信手拈来，虽平淡无奇却深蕴禅意。首句"此际秋色好"即见景生情，破空而出一声感叹。"得句在高楼"是老和尚心中产生的顿悟。他悟到了"启户窥新月，烹茶洗旧愁"。"启户"是指开启心灵的窗户。"窥新月"是指看到了初升的明月。虚云和尚借助天上的新月，点亮了自己的心灯。他烹茶洗心涤髓，借茶水洗净了一切烦恼，洗净了新愁与旧愁。

赠五台山显通寺智慧师

修心修道无如悟，谈妙谈玄总是闲。

从此何劳山下问，烹茶挑水听潺潺。

这首诗是讲虚云和尚修佛习禅的切身体会。他用最朴实的诗句，精妙地揭示了在禅修的过程中切不可纠结于"谈妙谈玄"，而是应当到生活中去，到大自然中去体悟禅机佛法。烹茶、挑水、听泉都比坐而论道更能领悟佛性。

虚云老和尚在修行中，茶是他一生的伴侣，他的茶诗中最能诠释《虚云修行法汇》核心思想的是一首《阅古宿语录口占》：

礼罢黄龙已破家，又来重饮赵州茶。

无明当下成灰烬，鹫岭重拈一度花。

"黄龙"是古代神话中的神兽，"礼罢黄龙已破家"指自己已经悟道。"又来重饮赵州茶"是指他悟道之后还要进一步修习佛法。这正是老和尚在《虚云修行法汇》中强调的"悟道仅为真正修道的开始"。诗中"无明"是佛教常用语，"无明"是贪嗔痴疑慢五毒的根本，是一切恶业的根本，只有"无明"被彻底破除，才能远离各种烦恼。"鹫岭"又名灵鹫山，相传释迦牟尼曾在此居住说法多年，后来被用来泛指佛寺。"无明"成灰烬，"鹫岭"花盛开，虚云老和尚在大彻大悟后终于修成了正果。

262

茶道
养生的 是与非

第三十六讲
品茗心得分享

对于茶道，我尚未入门，但是在学茶的过程中，我将自己久叩禅门的心得体会写成了六首诗，姑且算是品茗心得，在此与茶友们分享，希望得到茶友们的指正。

一悟甘苦

甘也罢，

苦也罢，

甘不贪恋苦不怕。

人生百味一盏茶，

坦然细品味，

甘苦皆笑纳。

人们常说"茶味人生"。茶有苦有甜，人生也有苦有甜。茶有百味，人生也有百味。真是茶如人生，人生如茶啊！我们用品茶的心态来品味生活，才能品出生活的滋味。中国现代女作家三毛把喝茶归纳总结为三种滋味：第一道苦，苦如人生；第二道甜，甜如爱情；第三道淡，淡如清风。白族的三道茶"一苦，二甜，三回味"

也是对生活的总结，二者有异曲同工之妙。虽然这些都还称不上是悟道，因为真正悟道一定要去掉差别心，去掉执着心，破除我执，破除法执，用一颗随喜心体验生活，用一颗平常心拥抱世界。在品茶时不挑不拣，做到"甘苦皆笑纳"，这样才能尽享生活多姿多彩的美，彻悟人生三味。

二悟浓淡

浓也罢，

淡也罢，

无浓无淡无高下。

茶人常怀平常心，

浓时品酽情，

淡时享清雅。

浓和淡看起来是对立的，茶味有浓淡，茶香有浓淡，茶色有浓淡，茶情也有浓淡。然而，在禅者眼里，浓与淡同样美好。浓茶有浓茶的好，喝时苦涩，但是回甘却强烈而持久；淡茶有淡茶的妙，喝时清清爽爽，喝后会产生"平平淡淡才是真"的顿悟。

三悟冷热

冷也罢，

热也罢，

世态炎凉任变化。

闲心静品七碗茶，

冷眼看世界，

壶里乾坤大。

　　不止浓与淡是对立的，冷与热也是对立的。茶的冷热如世态的炎凉。有的人待人热情似火，有的人待人冷若冰霜。有的人待人接物是冷是热要看对方的身份地位、事业兴衰、宦海沉浮，阴晴不定，令人无法捉摸。其实，世态炎凉是常态，我们大可不必在意。无论别人对自己冷淡也好，热情也罢，那都是别人的事。自己若斤斤计较，时时纠结，只会徒增烦恼。当我们对一切泰然处之，冷眼看世界，就会发现别人对自己的态度根本无关痛痒。待人热情者，不会使人高一寸。待人冷淡者，不会让人矮一分。人生在世应当如苏东坡："稽首天中天，毫光照大千。八风吹不动，端坐紫金莲。"悟透这一点，茶壶之中可修行。

四悟沉浮

沉也罢，

浮也罢，

莫以浮沉论高下。

自由自在展自性，

平生任潇洒，

沉浮不牵挂。

　　茶泡在茶杯里，必然有浮有沉，时浮时沉，不能说浮上来的茶就是好茶，沉下去的茶就不好。人生在世也是有浮有沉，时浮时沉，无论是在学海、商海、宦海还是在人海都概莫能外。茶不以浮沉论好坏，人更不能以浮沉论高下。应当做一个"沉浮无牵挂"的人，上浮时不要得意忘形，下沉时不要哀伤感叹。无论是浮还是沉都要"自由自在展自性"，做一个最好的自己。修习茶道就是要做一个抛开世人对自己的一切毁誉，摘下面具，洗净铅华，卸下自己的种种装饰，做一个只剩一撇一捺的"人"，做一个纯粹的人。

五悟褒贬

褒也罢，

贬也罢，

世人褒贬皆闲话。

身无傲气有傲骨，

宠辱两不惊，

褒贬皆放下。

"人过一百，千奇百怪。"对茶，每个人有各自不同的爱好；
对人，每个人有各自不同的评价。对同一款茶或对同一个人，有褒
有贬是非常正常的现象。别人对自己是褒是贬，应当坦然任人评说，
不必过分在意。做人应当"身无傲气有傲骨"，对事、对人都要有
自己的主见。我曾写过一首散文诗："世界是自己的，与他人毫不
相干。我不为讨好世人而活，何必在乎别人的眼光？于是，飞短流长，
舌剑唇枪，都不再能让我受伤。"

六悟贵贱

贵也罢，

贱也罢，

莫以铜臭熏灵芽。

有缘得此苦口师，

启迪真佛性，

此茶值何价？

"苦口师"是唐代著名诗人皮日休之子皮光业对茶的雅称。"良
药苦口利于病""好茶苦口是良师"。因为好茶喝到口中虽然有些
苦涩，但它却能像老师一样教给人们许多做人的道理。这是无法用

金钱来衡量的。学习茶道最大的收获是品茗悟道，孔子曾说："朝闻道夕死可矣。"若相信了这句话，领悟了这句话，方能明白茶值几何。

附录一

浪漫音乐红茶茶艺——如梦的回忆

初 吻——原唱·张学友

1.用料

滚热的红茶一壶，情人梅或相思梅适量，蜂蜜一汤匙，蜜渍樱桃适量，玫瑰花数枝。

2.制法

布置茶席时点一支红蜡烛，花瓶内插入玫瑰花。先将情人梅或相思梅放入滚热的红茶壶中浸泡，待茶温自然降至60℃以下再将茶汤斟入马克杯，每杯放入适量蜂蜜，点缀两颗蜜渍樱桃。

3.风味

滋味香甜并略有情人梅的酸味，杯中樱桃如两颗碰撞的心，此款茶品起来鲜爽沁心，酸甜适口。

心 雨——原唱·毛宁、杨钰莹

1.用料

红茶一壶，糖桂花（以丹桂为佳）少许，冰糖适量，柠檬汁适量。

2.制法

在音乐的伴奏下，先将冰糖和柠檬汁放进玻璃杯，冲入红茶，再用银匙随着《心雨》的音乐旋律向杯中慢慢撒入糖桂花。

3. 风味

酸甜适中，桂花在玻璃杯中纷纷下沉，仿佛是漫天花雨，引人遐想。

海 韵 ——原唱·邓丽君

1. 用料

红茶一壶，威士忌酒 15 毫升，西凤酒 15 毫升，柠檬汁 5 毫升，方糖一块，冰红茶汁 100 毫升，柠檬一片，冰块适量。

2. 制法

把配料放进调酒器摇匀后，倒入鸡尾酒杯中，杯沿插上柠檬片，加入冰块即可品饮。

3. 风味

酒香浓烈，混合液呈晚霞红色，柠檬片像在海上升起的月亮，极富韵味。

忘 情 水 ——原唱·刘德华

1. 用料

白兰地 10 毫升，玫瑰红酒 10 毫升，冰糖适量，红茶汁 150 毫升，柠檬一片，樱桃适量。

2. 制法

先将白兰地与玫瑰红酒倒入鸡尾酒杯中加冰糖后一起拌匀，再倒入红茶汁，并用柠檬片和樱桃予以点缀。

3. 风味

酒香浓郁，色彩艳丽。若加冰块饮用，则风味更佳。

明 月 心——原唱·叶倩文

1. 用料

情人梅、云南月光白（又名月光美人、月光仙子），冰干白葡萄酒 20 毫升、蜜渍樱桃适量、柠檬一片。

2. 制法

将情人梅与月光白投入壶中用开水冲泡，晾凉后备用。将冰干白葡萄酒倒入鸡尾酒杯，再放入蜜渍樱桃两颗，倒入冲泡好的月光白，将柠檬片插在杯口点缀。

3. 风味

此茶醇香酸甜，柠檬片如圆月，蜜渍樱桃在杯中晃动，如两颗不平静的心。

水 中 花——原唱·谭咏麟

1. 用料

胖大海、杭菊花、方糖（或蜂蜜）各适量，温红茶一壶，冰块适量。

2. 制作

将少许杭菊花、一粒胖大海及适量方糖放进玻璃杯，冲入温红茶至七分杯，放置约 5 分钟，饮用时再加入冰块。

3.风味

清凉、生津、消渴。胖大海泡开后如同花朵一般，与杯中的白菊相映成趣。

英雄泪——原唱·王杰

1.用料

玫瑰红酒 15 毫升，西凤酒 15 毫升，红茶汁 120 毫升，冰糖、柠檬片各适量。

2.制法

先将玫瑰红酒与西凤酒倒入鸡尾酒杯混合，再放入一小块冰糖，然后沿杯壁缓缓倒入浓红茶汁，用柠檬片做装饰。饮用时取下柠檬片，挤入柠檬汁即可饮用。

3.风味

酒味浓烈，色泽鲜红，象征男儿流血不流泪。

故乡的云——原唱·费翔

1.用料

红茶一壶，方糖、鲜奶各适量。

2.制法

先将方糖放入红茶中溶解调匀，倒入玻璃杯，在射灯照耀下仿佛是故乡的晚霞。杯口用柠檬片点缀，饮用时用小奶盅沿杯边将鲜奶缓缓倒入。

3.风味

这是一杯鲜美的奶茶。杯中的红茶艳如晚霞，倒入鲜奶时，洁白的奶液在杯中翻滚，如白云在故乡的晚霞中交织，故而得名。

相思的烈酒——原唱·李翊君

1. 用料

威士忌 10 毫升，玫瑰红酒 10 毫升，红葡萄酒 30 毫升，红茶汁 100 毫升，红樱桃（或鲜草莓）适量。

2. 制法

先将玫瑰红酒、红葡萄酒和红茶汁调匀后，倒入玻璃杯，配以红樱桃或鲜草莓点缀（用牙签串在一起），饮用时缓缓地从杯边倒入威士忌酒。

3. 风味

酒香而醇，色、香、味令人陶醉。

无言的温柔——原唱·韩宝仪

1. 用料

肉桂棒（香料）一根，热红茶 100 毫升，热牛奶、方糖各适量。

2. 制法

将热红茶、方糖、鲜奶调制成热奶茶，然后分别倒入白瓷咖啡杯。每一杯中加一根肉桂棒即成肉桂奶茶。

3. 风味

鲜香可口，暖人心脾，饮用时用肉桂棒慢慢搅动奶茶，使肉桂的芳香融入茶中，风味更加奇妙。

星座学已成为都市青年之间的热门话题。无论是用于自娱自乐，还是用星座学来解析性格，探讨神秘的星座已成为一种时尚。在每一个晴朗的晚上，总会有一些人对着深邃的夜空去寻找属于自己的星座。在这里，为大家介绍如何调制一杯属于自己的星座茶，让大家活在当下，脚踏实地在星光下享受星座茶带来的温馨，激活生命的灵感。

初春艳阳 ——白羊座之茶

出生于 3 月 21 日至 4 月 20 日的人属于白羊座。白羊座占了"早春"这个生机勃勃，令人奋发向上的季节。相传白羊座的人天生热情，充满活力，做事积极，敢拼敢闯，勇于接受新观念，也勇于面对挑战。其不足是过分以自我为中心，性格急躁，缺乏耐性，有时做事太冲动，易虎头蛇尾，并且不懂得照顾自己。

关于白羊座的起源有一个美丽的传说：在一个遥远而古老的国度里，国王和王后因性格不合而分手。后来，国王又娶了一位美丽的王后，可这位新王后虽然貌美如花，但心毒如蝎且天性善妒。她看到国王对前妻留下的一对儿女百般疼爱，觉得自己受到了冷落，于是决定除掉王子和公主，自己想要独占国王全部的爱。

这个消息传到了王子和公主生母的耳中，她去向宙斯求救。宙斯派出一只长着金色长毛的公羊飞到了皇宫，驮上王子和公主腾云驾雾而去。宙斯为了奖励公羊，让它变成一个美丽的星座悬挂在夜空，这就是白羊座。白羊座的守护星是火星，象征充沛的能量与旺盛的精力。

为白羊座朋友献上的"初春艳阳"是一道安神甜茶（2人份）。

【原料】迎春花干3克，菩提叶3克，薰衣草3克，红茶7.5克，冰糖适量。

【辅料】上等枸杞18粒，小雏菊两朵。

【做法】①把各种原料放入壶或锅中，加水500毫升煮沸约5分钟。②白羊座的幸运数字是9，因此在每杯中放入9粒枸杞，用过滤器把滚烫的红茶汤滤进杯中。③白羊座的幸运花卉是小雏菊，因此在每杯的托盘上装饰一朵幸运花，代表清白、纯真。

【推荐配乐】奉茶时最好能播放班得瑞交响乐团新世纪专辑《旭日之丘》中的"四月之春"或《维也纳森林情境》中的"春日"。

一往情深 ——金牛座之茶

出生于4月21日至5月20日的人属于金牛座。相传金牛座是一个慢条斯理的星座，凡事总是谋定而后动，但一旦做了决定，无论是对人还是对事，都有超越其他星座的稳定性，对爱情更是一往情深。金牛座的人有艺术天赋，有脚踏实地的精神，工作有计划，生活有规律，值得信赖。但是占有欲太强，且爱嫉妒，工作缺乏创新求变的勇气，生活缺乏幽默感。金牛座的守护星是金星，象征爱与美的结合。

传说在古希腊，国王阿格诺尔有一个美如天仙的女儿叫欧罗巴。欧罗巴和所有的少女一样，都有自己的春梦。在梦中，她常常梦见一位女神对她说："美丽、幸运的姑娘，我带你去见众神之王宙斯吧，因为命运注定了你要做他的情人。"

欧罗巴梦中的女神就是命运女神。因为宙斯当时与妻子感情不和，终日郁郁寡欢，所以命运女神想帮助宙斯找到他的幸福。当宙斯在命运女神的引导下暗中窥视欧罗巴时，立刻被欧罗巴的清纯、天真、活泼和美丽深深地吸引了。这位众神之王不可自拔地爱上了人间美女欧罗巴。于是，在一天清晨，正当欧罗巴和伙伴们一起在芳草如茵的花园里嬉戏时，宙斯变成了一只高贵雄壮的金牛来到花园，引诱欧罗巴骑上牛背后，腾云驾雾飞上了天空，飞过了大海，飞到了一个神秘的孤岛。落地后，金牛变成了一个英俊神武的天神，说自己是这个岛的主人，如果欧罗巴答应嫁给他，将有享不尽的荣华富贵，如果她不愿顺从，就把她遗弃在这荒无人烟的孤岛。

欧罗巴想起梦中女神的话，坚信自己注定是宙斯的情人，因此宁死不从，拒绝了神牛的求爱。于是，金牛弃她而去。

欧罗巴孤单单地留在荒岛上，她向着太阳愤怒地高声大喊："欧罗巴，难道你愿意嫁给一个野兽君王吗？复仇女神啊！请你让那头金牛回到我面前，让我折断它的牛角吧！"

喊声刚停，欧罗巴听到身后传来熟悉的笑声，回头一看，正是梦中的女神。女神告诉她，带她来这孤岛的金牛正是宙斯变成的，并且说："你通过了考验，现在你已经是宙斯的情人了。宙斯托我把这片土地封给你，就叫欧罗巴洲吧！"于是，在这个世界上便诞生了欧洲。

宙斯为了炫耀他的爱情，把金牛永远留在了天空，这就是美丽的金牛座。金牛座象征执着的爱情。所以，为金牛座的朋友献的茶名为"一往情深"（2人份）。

【原料】玫瑰花干12朵、红茶7.5克、蜂蜜适量。

【辅料】含苞待放的红玫瑰或黄玫瑰2朵。

【操作】①金牛座的幸运数字是6，把12朵玫瑰花干和7.5克茶放入壶中，加水600毫升煮沸约6分钟。②把茶汤滤进公道杯，加入少许蜂蜜，用小汤匙轻轻搅匀。③金牛座的幸运花是玫瑰，在每个品茗杯的托盘上点缀一朵红玫瑰或黄玫瑰。

玫瑰是花中女神，不仅美丽，而且她的香味与红茶非常匹配。若是和自己心爱的人一起品茶，用表达爱情的红玫瑰与红茶配伍，代表金牛座对爱情的一往情深。加入蜂蜜，则可以代表爱情甜甜蜜蜜。若用来招待朋友则可以选用代表友情的黄玫瑰。

【推荐配乐】肯尼基演奏的泰坦尼克号主题曲《我心永恒》或《友谊地久天长》。神话故事虽然离我们很远，但肯尼基的音乐极其贴近生活，离我们的心灵很近。这两首乐曲如泣如诉、如痴如醉的旋律可以安抚烦躁的心，能召唤我们的心灵安详地回归爱的家园。

花好月圆 ——双子座之茶

出生于 5 月 21 日至 6 月 21 日的人属双子座。双子座的人生观是一面努力工作，一面尽情享乐。他们个性敏锐，有强烈的好奇心和上进心，并多才多艺、足智多谋、风趣幽默，睿智而包容，是所有星座中最能保持青春活力的星座。然而，双子座的人做事容易缺乏耐性和原则，有时过于圆滑。双子座的守护星是水星，象征着艺术和智慧。

传说在古希腊，美丽温柔的王妃丽达有一对英俊神武的儿子，兄弟俩相亲相爱，感情非常深厚，如同一对双胞胎一样。其实，他们是同母异父兄弟，哥哥是王妃丽达与天神宙斯的私生子，他拥有永恒的生命，在人间没人能够伤害他，而弟弟对此毫不知情。不幸的是，在一次混战中，敌人拿着长矛猛然刺向毫无防备的哥哥，弟弟情急之下舍身扑了过去挡在哥哥身前，最终，因失血过多壮烈死去。

哥哥痛不欲生，于是去求父亲宙斯，希望能让弟弟起死回生。宙斯为难地说："唯一能救你弟弟的办法是你把自己的生命力分一半给他。这样，你弟弟虽然可以复活，但是你将变为凡人，不再永生。"哥哥坚定地回答说："身为凡人的弟弟会毫不犹豫地为我而死，身为神人的我，为什么不能为救弟弟而甘愿变成凡人呢？"宙斯听了非常感动，于是救活了弟弟，并以他们兄弟的名义创造了一个星座，即"双子座"。肝胆相照、生死与共的友谊是美好的，传说结局也是圆满的。

为双子座朋友献上的茶名为"花好月圆"（2人份）。

【原料】百合花干 10 克、红茶 7.5 克、糖桂花 10 克。

【辅料】百合花 5 朵、玫瑰花 2 朵、柠檬 2 片（切圆片）。

【操作】①把百合花干与红茶一起放入壶中，加水 500 毫升煮沸约 5 分钟。②把糖桂花放入茶杯，每杯投放约 5 克。③将煮好的茶滤进茶杯，用小汤匙轻轻搅匀，在茶杯边缘插上切好的柠檬片，如同圆圆的月亮，在每个托盘上各点缀一朵玫瑰花，象征花好月圆。④双子座的幸运花是百合花，幸运数字是 5。用 5 朵百合花搭配其他花做成小花篮，摆在茶几上供两人共同欣赏，代表百年好合。

【推荐配乐】肯尼基的《沉醉在月光下》或《多么美好的世界》。有了真情，这个世界自然显得很美好，再加上鲜花和音乐，这个世界就会更美好。在国际乐坛，萨克斯被誉为"无与伦比的风流乐器"，让它用轻柔、深沉、缠绵而略带忧伤的曲调陪伴人们沉醉在茶香、花香中，沉醉在音乐和爱心的共鸣中，沉醉在美好的世界里。

仲夏迷情 ——巨蟹座之茶

出生于 6 月 22 日至 7 月 22 日的人属于巨蟹座。夏天，太阳无私地奉献着光和热，万物蓬勃生长，欣欣向荣，造就了巨蟹座的人天生精力旺盛、热情如火、想象力丰富。他们慷慨、真诚，做事情既有耐心又有毅力，但容易跟着情绪走。巨蟹座人的情绪常常受月亮的影响，随着月圆月缺起伏变化，常常放不下旧情，容易沉溺于往事，特别是女性，往往会为逝去的爱情而深陷忧郁无法自拔。巨蟹座的守护星是月亮。

传说古希腊有一位英雄叫赫拉克勒斯，他受宙斯之命去除掉残害生灵的九头水蛇，在激烈的搏斗中，水蛇的朋友巨蟹前来助战，它帮助蛇妖夹住了赫拉克勒斯的脚，赫拉克勒斯用大棒将蟹壳击碎，巨蟹战死。但宙斯的妻子赫拉因为憎恨赫拉克勒斯，所以将被他打死的巨蟹挂在天空，化为巨蟹座。

献给巨蟹座朋友的茶名为"仲夏迷情"（2人份）。

【原料】合欢花5克，红茶7.5克。

【辅料】蜜渍樱桃4粒，茉莉花4克，夜来香少许。

【操作】①将原料投入壶中，冲入500毫升沸水后闷5分钟。②巨蟹座的幸运数字是2，每杯放入两颗鲜红的蜜渍樱桃，冲入红茶后再在每一杯的茶汤表面投放2克茉莉花干。杯底两颗蜜渍樱桃像两颗碰撞的心，茶面的茉莉花像天上飘浮的白云。③巨蟹座的幸运花是夜来香，每个茶杯托盘上点缀几朵夜来香，并用夜来香或百合为主花插花点缀茶席。

【推荐配乐】班得瑞交响乐第五辑，新世纪专辑《迷雾森林》。该专辑的第一首曲子即用黑管和横笛交织梦幻般的空间，还伴有清脆的风铃声，像夏日夜晚的流萤一样神秘。隐约朦胧的弦乐仿佛是给夏夜拉起了一层淡淡的薄雾，让人感到清凉，感到温馨，并沉醉于仲夏的迷情之中。

江山美人 ——狮子座之茶

7月23日至8月22日出生的人属于狮子座。狮子座的人正如动画片中的狮子王一样，威严、高傲、宽容，有组织领导能力，有激励人心的气质，还有自信乐观的风度。然而，狮子座有莫名的优越感，喜欢接受奉承。爱指挥他人、缺乏节俭、不愿屈服，有时刚愎自用，有时会因为失恋而感到孤寂。狮子座的守护星是太阳，象征热情和活力。

传说神通广大的赫拉克勒斯是宙斯的私生子，他刚刚出生就遭到天后赫拉的嫉妒和诅咒，诅咒他一生要面临12种极度危险的考验。第一项考验就是要他和一只凶猛无比、刀枪不入的狮子搏斗。经过生死较量，英勇的赫拉克勒斯最终打败了狮子。宙斯为自己的儿子自豪，他把狮子挂在天空成为狮子星座，以此向世人与众神炫耀赫拉克勒斯的非凡战绩。

献给狮子座朋友的茶名为"江山美人"（2人份）。

【原料】月季花12朵、熟地5克、红茶7.5克。

【辅料】小向日葵花一朵，剥好的葵花籽仁少许，蜂蜜少许。

【操作】①把月季花、熟地和红茶一起投入壶中，冲入500毫升沸水后闷5分钟。②狮子座的幸运数字是1，幸运花是向日葵，把一朵向日葵插在花瓶，放置在茶台中央。③在杯中投入少许葵花籽仁，加入适量蜂蜜，把热红茶滤进杯中，稍加搅拌即可饮用。

月季花又名月月红，有红、粉、黄、橙、白、紫等不同颜色，12朵花代表12个月，月月盛开，美丽动人，此花常被喻为美人；熟地代表江山故土难离。真正的王者爱江山，也爱美人，故此茶名为"江山美人"。

【推荐配乐】电影《狮子王》主题曲或贝多芬交响曲《命运》第四乐章。

芳洁情怀 ——处女座之茶

出生于 8 月 23 日至 9 月 22 日之间的人属于处女座。处女座的人内心认定智慧是人生幸福的钥匙，对学识渊博的人，他们不以衣冠相貌取人，通常会怀着崇敬的心情与之亲近。他们做事追求完美，为人谦虚守信，处世小心谨慎，对爱情坚贞忠诚。不过，处女座的人过于吹毛求疵，爱为琐事唠叨，缺乏接受批评的雅量，并且在生活中缺乏浪漫情调。处女座的守护星与双子座的守护星一样，都是水星，有预见未来的能力。处女座的守护神是春之女神泊瑟芬。

泊瑟芬是希腊大地之母的独生女，只要她走过的地方，百花都会随着她的脚步次第渐开，一路都会伴着鸟语花香。但这位美丽的女神却爱上了把她劫进地狱成亲的冥王海地士。泊瑟芬被宙斯救回后，每年还要去冥府看望因被宙斯施咒而永远昏睡不醒的丈夫。当她去往冥府时，大地山河的花草树木就都枯萎了，世界进入了冬天。当泊瑟芬从地府回来时，明媚的春天就回到了人间。宙斯被她的真情感动，将天上的一个星座命名为处女座。

为处女座朋友献上的茶是"芳洁情怀"（2 人份）。

【原料】干梅花、金银花干各 3 克，干茉莉花、桂花、玫瑰花各 5 克，红茶 7.5 克。

【辅料】红色满天星一束，大波斯菊一朵，草莓适量，果盘一个。

【操作】①把原料中的物种干花和红茶一同放置到壶中，加入 500 毫升水煮沸。②把煮好的五花茶斟到精美的马克杯中。③在精巧的小花瓶中插入一朵大波斯菊，周围围绕红色满天星，摆放在茶台适当的位置。④将果盘中的草莓两两用竹签串在一起。竹签即代表丘比特之箭。

处女座的幸运数字是 5，所以用春夏秋冬四季开放的花加上代表爱情的玫瑰花来泡茶，象征泊瑟芬女神归来时一路上鲜花次第开放。同时，梅花象征高洁的情怀和忠贞不渝的意志，金银花的花语是"真诚的爱"，茉莉象征清白，桂花象征学识渊博，粉红色玫瑰花代表甜蜜而温馨的真爱，这些都是泊瑟芬的美德。

处女座的幸运花是大波斯菊或风信子。大波斯菊象征纯情，在幸运花的周围点缀红满天星，代表真爱。

【推荐配乐】班德瑞交响乐第二辑《维也纳森林情境》中的《春日》和《爱之歌》。《春日》用唯美纯真的旋律诉说着春天带来的温暖的心情，音符中似乎飘散着纯洁的花香；在《爱之歌》里，雨声伴着吉他，用柔情和谐的曲调诠释着爱的真谛。在这样的乐曲声中品饮"芳洁情怀"，一定会感受到真诚无伪的爱。

梦醒时分 ——天秤座之茶

　　出生于 9 月 23 日至 10 月 22 日的人属于天秤座。天秤座是理性而又浪漫的星座。天秤座的人温柔、娴雅、正直，追求忠贞不渝的友谊和爱情，是浪漫的恋爱高手，有美感和艺术鉴赏力，能屈能伸，适应性强，但容易优柔寡断，意志不坚定，易受他人影响，并且因为过分追求公平，梦想被现实一旦粉碎，就会造成其精神上的痛苦。天秤座的人还常因无意间"示好"而惹来感情纠葛，给自己和他人带来不必要的麻烦。

　　据说在很久以前，人类与神一起居住在大地上，过着和平快乐的生活。在长期的共同生活中，海神波塞冬和正义女神日久生情，他们相互爱上了对方。后来，人类染上了种种恶习，欺骗、掠夺、贪婪、懒惰甚至相互残杀，战争和罪恶像瘟疫一样四处蔓延。众神对人类都非常失望，纷纷回到天庭去生活。波塞冬也无法忍受这一切，于是劝正义女神和他一起走。然而，正义女神坚信人类终会有觉醒的一天，她反过来劝波塞冬与她一起留下。海神不肯，于是两人争吵起来。他们互不相让，都要对方向自己道歉，结果越吵越激烈，惊动了天神宙斯。宙斯提议让他们比赛，看谁有办法让人类觉醒，就是胜利者，输的一方要向对方赔礼道歉。

　　比赛在天庭广场举行，众神都来观看。海神先出场，他打算用天上纯洁的泉水洗净人间的丑恶。只见他用手中的三叉戟轻轻一指，天庭广场上出现了一个泉眼，清凉甘甜、晶莹剔透的泉水从泉眼潺潺流出。泉水流到了人间，如生命的乳汁滋养着世间万物，人间一片欢腾。可是，从人们贪婪的眼神中可以看出，他们并未觉醒。此时，正义女神飞到人间，在泉水边变成一棵橄榄树，亭亭玉立的树干，碧绿苍翠的树叶，还有那金色的橄榄果，让人一看就感到爱与和平是如此美好。人类终于觉醒了，回想过去的种种，仿佛做了一场噩梦。

为了庆贺人类从噩梦中觉醒，并时时提醒人类不要忘记和平，宙斯把随身佩戴的金秤挂在天空，这就是天秤座。天秤座的守护星是金星，象征着爱与美的和谐。

献给天秤座朋友的茶为"紫色的梦"（2人份）。

【原料】紫罗兰、薰衣草花、紫色槿各3克，红茶7.5克。

【辅料】兰花1盆、杏仁12粒，蜂蜜少许。

【操作】①把原料中的三种花和红茶一起置入壶中，加500毫升水煮沸5分钟（亦可冲入500毫升沸水闷5分钟）。②天秤座的幸运数字是6，最有益的食品是杏仁。在每个杯中放入6粒杏仁，然后把茶汤滤到杯中，加入蜂蜜调匀。天秤座的幸运花是紫罗兰，也可在茶杯边点缀几朵紫罗兰。③把一盆兰花摆在茶桌上，兰花象征天秤座的高洁情怀。

【推荐配乐】肯尼基萨克斯独奏《昨夜梦醒》。

女神之泪 —— 天蝎座之茶

出生于10月23日至11月21日之间的人属于天蝎座。天蝎座的人特别喜爱秋天的爽朗，秋天的成熟和秋天的宁静，他们轻视名利，却有成名得利的天赋。他们感觉敏锐，恩怨分明，不畏挫折，对朋友讲义气，对爱人讲情意，天生具有迷人的魅力。然而，天蝎座人太好强，易自负，爱吃醋，常常感情用事，得理不饶人，爱记仇且有很强的报复心。

关于天蝎座有一个凄婉的传说：太阳神阿波罗的儿子法厄同天生英俊神武，但他多疑、自负。法厄同的妹妹赫莉一直暗恋着他，而法厄同与水泉女神娜伊相爱，对自己的亲妹妹自然没有非分之想。为了让哥哥爱上自己，赫莉欺骗他说，他不是太阳神的亲儿子。于是，法厄同跑到父亲那里追问缘由，阿波罗百般解释，但他都不肯相信。后来，阿波罗无奈地指着冥河发誓：为了证明法厄同是自己的亲生子，无论他要什么都会满足他的要求。

万万没想到，法厄同竟然要了专供太阳神出巡的太阳车。以法厄同的法力绝对无法掌控太阳车，但是他坚持不听阿波罗的劝告，跳上了烈焰熊熊的太阳车，冲上天空，到处横冲直撞。结果草原干枯了，庄稼烧毁了，森林起火了，人间一片惨状。万神都阻挡不住太阳车，赫莉看到法厄同因为听信自己的谎言而闯了大祸，只好忍痛放出自己所养的毒蝎。毒蝎咬住了法厄同的脚踝，太阳车失控，法厄同与燃烧着的太阳车一起坠入了冥河。水泉女神娜伊闻讯赶来，痛哭着埋葬了他。从此，娜伊每天晚上都哭，她的泪水洒向人间，落在忍冬树上，开出了金色的思念之花和白色的悼亡之花，这就是金银花。据说喝了用水泉女神的泪水之花泡的茶，能够识破谎言。

赫莉也为自己冒失的行为留下了伤心的泪水。因为她的自私和谎言害死了心爱的哥哥，她痛哭了整整四个月，最后被自己的泪水淹没，变成一株白莲花，荷叶上的露珠便是她悔恨的眼泪。据说喝了用赫莉泪水泡的茶，可以改掉自负的缺点。

宙斯为了警示人类轻信、自负的弱点，把那只立了大功的蝎子挂在天空，并命名为天蝎座。天蝎座的守护星是冥王星，象征着转变。

献给天蝎座朋友的茶为"女神之泪"（2人份）。

【原料】金银花9克，红茶7.5克。

【辅料】核桃仁4粒，萱草花1盆。

【操作】①把原料投入壶中，冲入500毫升沸水后浸泡5分钟。②在每个杯中放两粒核桃仁，把泡好的茶滤进杯中。③茶桌上点缀一小盆萱草，或插一枝萱草花表示"忘忧"。

天蝎座的幸运数字是9，幸运花是金银花，所以用9克金银花泡茶，传说金银花是由水泉女神的泪水凝成，喝了之后能永远不被谎言所欺骗。天蝎座的人适宜的食品是核桃，所以用核桃仁与茶相配。

【推荐配乐】班得瑞交响乐第二辑《维也纳森林情境》之《漫漫孤夜》。雨声滴滴答答，那是水泉女神在流泪，排箫伴着雨声吹奏出一个凄凉寂寞的长夜。在这漫漫长夜里，或沉思，或惆怅，但并不孤单，因为我们手中有一杯女神赐予的茶。

真情无悔 ——射手座之茶

出生于11月22日至12月21日的人属于射手座。射手座的人天生乐观，自由豪放，正直坦率，待人友善，有自己的处世哲学，有救人救世的热情，但射手座的人往往心直口快，粗心大意，做事冲动，缺乏耐性，过度抱有理想主义且喜怒形于色。

传说在遥远的古希腊大草原，驰骋着一个"半人半马"的凶猛部落。"半人半马"代表着理性与非理性并存，人性与兽性之间的矛盾与挣扎。部落里有一位与众不同的射手名叫奇伦，他生性善良，待人真诚，谦和有礼。一次，奇伦为了化解族人与力大无穷的勇士赫王力的争斗，奋不顾身挡住了赫王力射出的神箭，并用尽最后的力气说："再锋利的箭也会被柔软的心包容，再疯狂的兽性也不会泯灭人性。"奇伦的话警醒了赫王力和自己的族人，他用自己的生命化解了双方的矛盾。

奇伦倒下后，他的身体碎成了无数颗星星飞上了天空，聚集在一起，好像半人半马的模样，赫王力的箭一直插在他的心窝。为了唤醒所有人的人性，宙斯把奇伦化成的半人半马的星座命名为射手座。

献给射手座朋友的茶为"真情无悔"（2人份）。

【原料】薰衣草、茉莉花各3克，红茶7.5克。

【辅料】康乃馨1束，圣女果10颗，蜂蜜少许，果盘一个。

【操作】①把原料投入壶中，冲入沸水500毫升，闷3～5分钟。②把茶汤滤到杯中，加蜂蜜调匀，在上面装饰几朵洁白的茉莉花，表示对奇伦的缅怀。③把康乃馨修剪好，插在果盘的中间，周围点缀10颗圣女果。射手座的幸运花是康乃馨，适宜的食物是西红柿（圣女果），幸运数字是10。

【推荐配乐】班得瑞交响乐《日光海岸》之《风的呢喃》。让弦乐幻化成古希腊草原上柔和的风，为我们讲述射手座的故事；让乐曲中的短笛、黑管交替呼唤着奇伦的名字；让呢喃的风唤醒我们的人性，驱除隐藏在心底的兽性。

秋湖丽影 ——摩羯座之茶

出生于 12 月 22 日至 1 月 19 日的人属于摩羯座。摩羯座的人常用外表的冷漠来掩饰内心的热情，他们做事脚踏实地，意志坚强，不容易受外界的影响，有克服困难的毅力，有舍己为人的勇气，有很强的家庭观念。然而，摩羯座的人往往固执保守，太过现实，缺乏浪漫情趣，缺乏对他人的关爱和热情，不善于与人沟通和随机应变。

关于摩羯座有一个动人的传说：相貌丑陋的牧神潘恩负责照看天神宙斯的牛羊，但因为自己人丑位卑，所以不敢与众神一起豪饮狂歌。潘恩一直暗恋着竖琴仙子，却不敢向她表白，只好独自一人躲在天河尽头的湖边，吹着自己心爱的排箫，抒发内心的苦楚。他的排箫吹得很好，不仅可以声遏行云，还可以感动流水，但他却没有听众。因为这湖水是被诅咒过的，无论是人、神还是兽，只要踏入湖中就会变成鱼，所以没有人敢靠近湖边。

有一次，正当众神欢宴，听竖琴仙子弹奏乐曲时，黑森林里的一只百眼兽冲进了大厅。百眼兽凶狠无比，众神纷纷逃避，而竖琴仙子被吓得呆立不动。眼看百眼兽要伤害到仙子，躲在大厅外的潘恩不顾自身安危，抱起仙子向外逃去。百眼兽紧追不舍，潘恩为了保护自己的心上人，把竖琴仙子高高举过头顶，义无反顾地跳进了天湖。百眼兽怕变成鱼，所以不敢下水，无奈地走了。潘恩把竖琴仙子放回到岸上，但是他的下半身已经变成了鱼。为了赞扬潘恩为心上人舍生忘死的精神，宙斯以他的形象创造了摩羯座。摩羯座的守护星是土星，象征着狂热和力量。

献给摩羯座朋友的茶是"秋湖丽影"（2人份）。

【原料】红茶 7.5 克，冰糖少许。

【辅料】柠檬 2 片，玫瑰花 2 朵，雏菊 8 朵，紫色郁金香一枝。

【操作】①将原料投入壶中，冲入 500 毫升沸水闷 5 分钟后搅匀。②在茶杯中放入一片柠檬，滤进甜红茶，在托盘上各点缀一朵玫瑰花。③把紫色郁金香和 8 朵雏菊插在小花瓶中，摆放在茶几上。

摩羯座的幸运花卉是雏菊，幸运数字是 8，所以用 8 朵雏菊来布置茶席。对摩羯座的朋友有益的食品之一是柠檬，所以，为大家冲泡一杯酸酸甜甜的柠檬红茶。无论是酸还是甜，个中滋味都值得我们用心来品尝。

【推荐配乐】班得瑞交响乐《日光海岸》之《卡布里湖的月光》。此曲用缠绵的弦乐带着我们的心穿越尘封的历史，去邂逅古老神话中的主角。曲中的竖琴声从云端传来，像是竖琴仙子在感恩，而排箫应和着竖琴，像是潘恩在用箫声倾吐深藏在心中的爱恋。竖琴声和排箫声都透露出超越天地时空的"大爱"。品一口"秋湖丽影"，周围的一切仿佛都消失在音乐中，心中只剩下天湖湖面闪动的月光，只剩下月光在述说着纯洁的爱情。

水晶之恋 ——水瓶座之茶

出生于 1 月 20 日至 2 月 18 日的人属于水瓶座。这个季节，寒凝大地，千里冰封，万里雪飘。因为行动受到限制，所以生活在冬季的人们更加渴望和崇尚自由。水瓶座的人具有丰富的理想，兴趣广泛，珍爱生命，创意十足，拥有理性的智慧，会巧妙地运用自身的能力以适应社会，喜欢追求新的事物和现代生活方式，常常显得出类拔萃。然而，水瓶座的人往往对生活太过理智，对朋友难以推心置腹，较难深交，并且容易自我膨胀，易激动，爱争辩。女性往往精灵古怪，男性有时过于自信，令人感觉不易相处。

水瓶座有一个凄婉感人的传说：水瓶座是特洛伊城俊美非凡的王子伊的化身。伊不爱人间美女，却深深爱上了为天神宙斯斟茶倒水的侍女海伦，她用无比曼妙的歌声捕获了伊的心。

然而，天神宙斯也深爱着海伦。为了惩罚王子伊与海伦的私情，宙斯变成一只老鹰把伊抓回神殿，罚伊代替海伦为他倒水。没想到伊超出人神的俊美外表和风度令宙斯着迷，宙斯竟然也爱上了伊。宙斯之妻赫拉是个嫉妒成性的女神，她看在眼里，怒从心生，设下借刀杀人的毒计，怂恿伊和海伦私奔到下界。伊和海伦自然无法逃出宙斯的掌控，二人不久就被捉回了天庭。宙斯大怒，决定处死伊。然而，当射手奇伦射出致命一箭的瞬间，海伦奋不顾身地扑了过去，挡在了伊的胸前，伊得救了，海伦却殉情了。赫拉的奸计没能得逞，她恼羞成怒，把伊变成一只透明的水瓶挂在天上，让伊永生永世为宙斯倒水，而宙斯却看不到伊的容貌。从这只水瓶中倒出的不是水，而是伊流不尽的泪。后来，众神都为之动容，宙斯也很后悔，于是他把伊化成的星座命名为水瓶座。从此，伊被挂在天空，他永远睁着一双忧伤的泪眼，寻找为他牺牲的海伦。

献给水瓶座朋友的茶为"水晶之恋"（2人份）。

【原料】迷迭香、薰衣草各3克，红茶7.5克。

【辅料】水晶玻璃杯2只，水仙花一盆，蜂蜜少许，葡萄4粒，鲜草莓适量。

【操作】①将原料投入壶中，冲入500毫升沸水，闷茶约5分钟。②在每个水晶玻璃杯中放入两粒葡萄，代表两颗酸楚的心，然后滤进茶汤，调入少许蜂蜜，寓意爱情既有酸楚，也有甜蜜。③水瓶座的幸运花卉是水仙花，适宜食物是草莓，所以用水仙花和草莓装点茶席。

【推荐配乐】班得瑞交响乐《梦花园》之《执子之手》。爱情是美妙的，为爱牺牲是幸福的，听着这轻盈欢悦的旋律，仿佛是人与神牵手在天国花园中翩翩起舞。长笛与钢琴协奏的主旋律超凡脱俗，而双簧管的加入使乐曲在欢快中有了几分缠绵。执子之手，夫复何求？愿水瓶座的朋友们永远不再为爱流泪。

爱神之花 ——双鱼座之茶

出生于2月19日至3月20日的人属于双鱼座。双鱼座是柔情似水，春心荡漾的星座，它意味着四季轮回告一段落，宣告着又一个春天的开始。双鱼座的人感情丰富，心地善良，善解人意，懂得包容。他们不自私、不多疑，容易信赖别人且温柔体贴，生活富有情趣，是十二星座中最为多情的一个星座。然而，他们不够实际，往往充满幻想，多愁善感，缺乏面对现实的勇气，在理想中的爱情得不到实现或对生活现实失望时，容易陷入沮丧而不能自拔。

传说爱神丘比特是美神维纳斯和古罗马最英俊的美男子大卫的爱情结晶。丘比特是一个长着双翼的可爱男孩，有一把玲珑的角弓，凡是被丘比特神箭射中的人都会真诚相爱，并且永远幸福。遗憾的是，撒播爱情的丘比特却不能使自己得到爱情，因为他永远无法用箭射中自己。后来，丘比特爱上了预言家所罗门的女儿血石。

有一次，血石与凶猛的百眼兽搏斗，丘比特因担心血石的安危，竟然在慌乱中忘记了自己的箭不能杀生，只会给中箭者带去爱情。他想帮助血石战胜怪兽，于是在情急之下向百眼兽射出一箭。不幸的是，这支箭不仅射中了怪兽，也射中了血石。于是，匪夷所思的怪事出现了，血石和怪兽竟然产生了爱情，双双携手离去，消失在茫茫的宇宙中。丘比特悲痛欲绝，倒地不起。这时维纳斯找到了自己心爱的儿子，她抱起丘比特跳入天河，变成了两条鱼。从此，天空中便有了双鱼座。

献给双鱼座朋友的茶是"爱神之花"（2 人份）。

【原料】红茶 7.5 克，迷迭香 3 克。

【辅料】红玫瑰花 2 朵，杏仁 14 颗（去皮），蜂蜜少许，水百合或莲花一朵。

【操作】①把红茶和迷迭香投入壶中，冲入 500 毫升沸水，闷 5 分钟。②在每个茶杯中各放入 7 粒杏仁，把茶滤进杯中，倒入少许蜂蜜调匀，在茶杯的托盘上各点缀一朵红玫瑰。③把双鱼座的幸运花水百合或莲花艺术地摆放在茶席上。

双鱼座的幸运数字是7，适宜食物是杏仁，所以，在每个茶杯中放入7粒杏仁。双鱼座的幸运花卉是水百合或莲花，所以用此花点缀茶席。

【推荐配乐】班得瑞交响乐曲《寂静山林》之《如果你现在离开我》和《春野》。在《如果你现在离开我》凄美的旋律中，可以体会到丘比特看到心爱的姑娘跟随怪兽离去时的悲伤；在《春野》中聆听大自然的虫鸣鸟语，可以感受到大自然的生机与活力。过去的就让它过去，即将到来的是一个鸟语花香的春天！